U0347514

全国高等院校艺术设计专业
"十二五"规划教材

产品的包装与视觉设计

孔德扬 孔琰 编著

中国轻工业出版社 | 全国百佳图书出版单位

图书在版编目（CIP）数据

产品的包装与视觉设计 / 孔德扬，孔琰编著. —— 北京：中国
轻工业出版社，2014.3

　　ISBN 978-7-5019-9517-2

　　Ⅰ．①产…　Ⅱ．①孔…　②孔…　Ⅲ．①产品包装 – 包装设计
Ⅳ.①TB482

　　中国版本图书馆CIP数据核字（2013）第281054号

责任编辑：毛旭林

策划编辑：李　颖　毛旭林　　　　责任终审：孟寿萱　　　　封面设计：锋尚设计
版式设计：锋尚设计　　　　　　　责任校对：吴大鹏　　　　责任监印：胡　兵　张　可

出版发行：中国轻工业出版社（北京东长安街6号，邮编：100740）

印　　刷：北京顺诚彩色印刷有限公司

经　　销：各地新华书店

版　　次：2014年3月第1版第1次印刷

开　　本：870×1140　1/16　印张：8.5

字　　数：300千字

书　　号：ISBN 978-7-5019-9517-2　　　　定价：48.00 元

邮购电话：010-65241695　　传真：65128352

发行电话：010-85119835　85119793　传真：85113293

网　　址：http://www.chlip.com.cn

Email：club@chlip.com.cn

如发现图书残缺请直接与我社邮购联系调换

130447J2X101ZBW

序一
PROLOG 1

　　中国的艺术设计教育起步于 20 世纪 50 年代，改革开放以后，特别是 90 年代进入一个高速发展的阶段。由于学科历史短，基础弱，艺术设计的教学方法与课程体系受前苏联美术教育模式与欧美国家 20 世纪初形成的课程模式影响，导致专业划分过细，过于偏重技术性训练，在培养学生的综合能力、创新能力等方面表现出突出的问题。

　　随着经济和文化的大发展，社会对于艺术设计专业人才的需求量越来越大，市场对艺术设计人才教育质量的要求也越来越高。为了应对这种变化，教育部将"艺术设计"由原来的二级学科调整为"设计学"一级学科，既体现了对设计教育的重视，也体现了把设计教育和国家经济的发展密切联系在一起。因此教育部高等学校设计学类专业教学指导委员会也在这方面做了很多工作，其中重要的一项就是支持教材建设工作。此次由设计学类专业教指委副主任林家阳教授担纲的这套教材，在整合教学资源、结合人才培养方案，强调应用型教育教学模式、开展实践和创新教学，结合市场需求、创新人才培养模式等方面做了大量的研究和探索；从专业方向的全面性和重点性、课程对应的精准度和宽泛性、作者选择的代表性和引领性、体例构建的合理性和创新性、图文比例的统一性和多样性等各个层面都做了科学适度、详细周全的布置，可以说是近年来高等院校艺术设计专业教材建设的力作。

　　设计是一门实用艺术，检验设计教育的标准是培养出来的艺术设计专业人才是否既具备深厚的艺术造诣、实践能力，同时又有优秀的艺术创造力和想象力，这也正是本套教材出版的目的。我相信本套教材能对学生们奠定学科基础知识、确立专业发展方向、树立专业价值观念产生最深远的影响，帮助他们在以后的专业道路上走得更长远，为中国未来的设计教育和设计专业的发展注入正能量。

教育部高等学校设计学类专业教学指导委员会主任

中央美术学院　教授 / 博导　谭平

2013 年 8 月

序二
PROLOG 2

建设"美丽中国"、"美丽乡村"的内涵不仅仅是美丽的房子、美丽的道路、美丽的桥梁、美丽的花园，更为重要的内涵应该是贴近我们衣食住行的方方面面。好比看博物馆绝不只是看博物馆的房子和景观，而最为重要的应该是其展示的内容让人受益，因此"美丽中国"的重要内涵正是我们设计学领域所涉及的重要内容。

办好一所学校，培养有用的设计人才，造就出政府和人民满意的设计师取决于三方面的因素，其一是我们要有好的老师，有经历丰富的、有阅历的、理论和实践并举的、有责任心的老师。只有老师有用，才能培养有用的学生；其二是有一批好的学生，有崇高志向和远大理想，具有知识基础，更有毅力和决心的学子；其三是连接两者的纽带——具有知识性和实践性的课程和教材。课程是学生获取知识能力的宝库，而教材既是课程教学的"魔杖"，也是理论和实践教学的"词典"。"魔杖"即通过得当的方法传授知识，让获得知识的学生产生无穷的智慧，使学生成为文化创意产业的使者。这就要求教材本身具有创新意识。本套教材包括设计理论、设计基础、视觉设计、产品设计、环境艺术、工艺美术、数字媒体和动画设计八个方面的 50 本系列教材，在坚持各自专业的基础上做了不同程度的探索和创新。我们也希望在有限的纸质媒体基础上做好知识的扩充和延伸，通过教材案例、欣赏、参考书目和网站资料等起到一部专业设计"词典"的作用。

为了打造本套教材一流的品质，我们还约请了国内外大师级的学者顾问团队、国内具有影响力的学术专家团队和国内具有代表性的各类院校领导和骨干教师组成的编委团队。他们中有很多人已经为本系列教材的诞生提出了很多具有建设性的意见，并给予了很多方面的指导。我相信以他们所具有的国际化教育视野以及他们对中国设计教育的责任感，这套教材将为培养中国未来的设计师，为打造"美丽中国"奠定一个良好的基础。

教育部职业院校艺术设计类专业教学指导委员会主任

同济大学　教授／博导　林家阳

2013 年 6 月

前言
FOREWORD

《产品的包装与视觉设计》，也许很多人都会对这个书名感到困惑：这到底是一本有关产品的书还是一本视觉设计的书呢？我可以很明确地说这是一本关于包装以及视觉设计的书。但是，等等，产品的同学先别急着合上书，因为这正是写给产品设计专业的视觉设计的书。

就其深度来说，本书适合于高职高专、本科院校学生对包装以及视觉设计知识的普及。作为一本学术性的教材，书中的内容都做了规范的考证，同样可以为做研究的同学抛砖引玉。书中详细介绍了美国的包装设计教学流程以及学生作业的过程，对专业授课老师和想自学设计的朋友都有很好的参考价值。除此之外，全书的理论基础——人类中心设计（human-centred design）和可持续发展设计（sustainable development design）是当下国际上炙手可热的设计话题，书中的相关内容可以帮助在职设计师紧跟国际设计的发展方向。

与国内市场上的大多数视觉设计书籍相比，本书具有以下几大特色：

角度新：全书以学科交叉、专业交叉为知识综合的出发点，用产品设计的思维给出了包装设计的全新方法；从产品设计与视觉设计的相互关系入手，在视觉设计媒体的共性基础上分析了各种视觉形式的特点。

案例新：本书中所用的案例均为国际上近年来的优秀设计。其中最早的案例为2004年的设计项目，多数是2010年以后的设计，包括大量2013年的新鲜作品，最新的设计案例于2013年7月刚刚对外发布。

理论基础新：包装部分的内容融合了新型材料、结构、用户中心设计、可持续发展设计、用户体验设计、设计力量和设计的社会责任等理论概念；视觉部分则以人机工程学原理、相关光学及生物学原理为基础阐述了视觉传达的基本规律。在此基础上，结合语言学与图形图像语意学的基础原理，分析了包括网络在内的各种视觉媒体的特点、面临的市场形势以及发展的可选方向等。

内容广、国际化：他山之石，可以攻玉。本书融汇了来自欧美亚三大洲，美、法、中及中国台湾的学术理论和专业观点；跨越了产品设计、平面视觉设计和多媒体网络设计三大设计专业；除本书作者外，其他撰稿人的职业背景包括了高校教师、设计师以及国际公司的CEO。

孔德扬
2013年8月

课时安排

建议课时72

章 节		课 程 内 容	课 时	
第一章 产品与包装和视觉设计的关系		一、产品专业中的包装设计	4	8
		二、产品专业中的视觉设计	4	
第二章 设计与实训	训练一： 产品包装设计	1. 产品包装结构的合理性	12	28
		2. 包装中的"必须"和"必要" 1）必须的信息标准 2）"必要"的信息	4	
		3. 提升产品附加值 1）高品质包装带来附加值 2）包装衍生功能提高产品附加值 3）产品包装艺术品化提高产品附加值	12	
	训练二： 推广产品的视觉设计	1. 信息传递的基本规律	4	26
		2. 不同形式视觉设计的特点 1）样本 2）广告 3）网页设计 4）Pop/Point of Purchase 零售点广告 5）会展展板 6）设计报告	22	
第三章 分析与鉴赏		一、包装设计的发展趋势	5	10
		二、产品周边视觉设计的特征	5	

目录
contents

第一章
产品与包装和视觉设计的关系

第一节　产品专业中的包装设计

在国内的各大设计院校里，包装设计往往是归到视觉传达或者是平面设计专业的学科。事实上，从其本身来看，包装设计是一门综合了工业产品、材料工程、视觉传达、印刷技术和市场营销的综合学科。本书中，我们主要从产品设计的角度来看包装设计。而在这一节里，我们将一起来探讨包装和产品的关系。

1. 包装对产品的意义

要了解包装对产品的意义，首先要对包装和产品这两个定义有一个清晰明确的认识。在《现代汉语词典》*里，"产品"的解释是"生产出来的物品"。牛津字典**里对英文"产品"（product）一词的解释则更符合市场经济时代的理解，即为"为了销售而生产或改进的物品或物质"（an article or substance that is manufactured or refined for sale）。法语拉鲁斯词典***里的解释更细致。一为贴近"产品"（product）自然本意的解释，即"自然或人类活动的产物"（Ce qui naît d'une activité de la nature ou de l'homme）；而另一个则是适用于市场经济条件下的解释，即"由某个公司在市场上提供销售的任何物品、物件、好处、服务等"（Chacun des articles, objets, biens, services proposés sur le marché par une entreprise）。综合起来，我们可以明确"产品"定义的两个特点：一，自然定义——它是人类生产出来的物品；二，市场经济下的社会定义——它被生产的目的是被销售，并且具有特定的使用价值以满足人们的需求。这是广义上的"产品"。而我们平时狭义上理解的"工业产品"更多是指利用工程材料，需要利用工程技术由工业化方式生产加工出来的工用或民用的产品。

* 商务印书馆 2012 年 6 月第 6 版

** 牛津在线英英词典，牛津大学出版社 2013 版／oxforddictionaries.com - © 2013 Oxford University Press.

*** 拉鲁斯在线词典，拉鲁斯出版社 2009 版 /www.larousse.com - © Larousse Publishing 2009

"包装"作为名词在《现代汉语词典》里的解释是"指包装商品的东西，如纸、盒子、瓶子等"。而牛津字典对"包装"（packaging）的解释为"用来包裹或保护商品的材料"（materials used to wrap or protect goods）。上述两个解释的通俗表达，即"包装"就是装载保护产品的容器或材料。而再一次，法语中对"包装"（packaging）一词的定义更为详尽细致，拉鲁斯给出的解释为"对包装的生产技术以及包装对商品保护展示并销售功能的研究；广告的一种形式；包装本身*"（Étude des techniques de l'emballage et du conditionnement, du point de vue de la publicité；l'emballage luimême）。对照以上三种解释，我们可以得到这样的"包装"定义：第一，它是为了装载或保护商品而存在的；第二，它可以是广告的一种形式，起到市场促销的作用；第三，其研究范围包括包装工程和包装功能两方面。其中，第一点是"包装"的必要条件，第二、第三点是"包装"的充分条件。

* 即前面所述的"容器"

从广义上看，在现代工业经济链中，大多数情况下"包装"是"产品"，因为它是包装厂为了销售给特定的客户而特别生产出来的。但"产品"不一定是"包装"，因为在众多的各种各样不同的使用价值中，"产品"只要符合其中任何一项预期使用价值就可以成立，但"包装"则必须满足"装载或保护商品"这一特定的使用价值。

1）包装即是产品／产品即是包装

"包装"是广义的"产品"，当它满足了狭义的"产品"概念条件，即如果这个"包装"使用的是工程材料，生产利用的是工程技术，加工方式为工业化方式，它也可以是"工业产品"；另一方面，如果一件"产品"的主要功能为装载商品或者保护商品，那么不管它还有没有其他的任何功能，用何种方法、技术生产加工，它都已经满足了成为"包装"的必要条件而成为"包装"。所以，"产品"、"工业产品"和"包装"这三个概念在一定条件下是可以合而为一的。包装即是产品，产品即是包装。换言之，在这种情况下的包装设计就是产品设计，反之亦然。事实上，在现实中，这种情况常常发生，因此，西方国家的各大设计院校中包装设计是被划分在三维产品设计的专业领域中的。

对于坐飞机长途旅行的客人来说，美味的食物能够转移对长途旅行不适的注意力，给枯燥的旅行带来片刻美好享受的时光。因此，新鲜、美味、诱人并尽可能丰富的飞行餐一直是航空公司追求的目标和吸引乘客的重要卖点；但另一方面，烧制食物的设备成本、食物准备时间和飞机所载物品重量的限制成为航空公司提供理想飞行餐难以突破的瓶颈。PDD公司的"白金"设计项目结合了一系列相关科技，设计出了一款令人相当期待的，由简单加热就可以同时制作出烧、蒸、烤和冷盘四种不同菜式的飞行食品系统包装（图1-1）。

图1-1　航空食品包装/PDD Group/英国/2004

一方面，由于这个项目是PDD公司自行开发的功能性包装，因没有特定的商业客户，所以我们看到的这个包装没有经过特别商业化的视觉信息设计，只是在盒盖的底部有一行可以被替换成客户品牌的银色"platinum"的字样；另一方面，由于航空套餐食品销售的特殊环境，其包装不需要传递一般商业食品包装所必须传递的商业信息。要最大限度地引起乘客的食欲，利用包装材料本身的美感以及新鲜食物的天然色泽是最好的方法。

这个包装的主体部分是一个带有盖子的方形盘子，另外还有一个托盘可以同时装载餐具、食物和杯子。而秘密就在于这个被分成了四格的透明盖子里，每一格中都装有新鲜的食材，每一格的食材都会在飞机上被单独制作成不同的菜肴。加热装置是被预埋在托盘和盘子里的，一次性加热就可以做出多达4种的不同菜式（图1-2）。

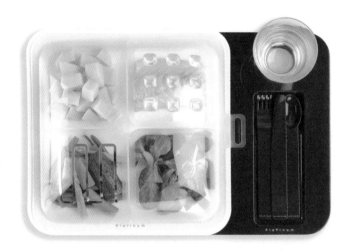

烧烤区的盒盖上镶嵌了金属的"U"形折线。这些金属线可以集中反射热量，使内容物局部温度明显高于周围从而达到烧烤的效果。蒸菜区的盒盖上则预制了可反复使用的凝胶状小水袋，加热后会释放出高温蒸汽，从而达到蒸熟食材的目的。而在冷菜区则利用了帕尔贴热电效应（the Peltier - seebeck effect,一种能把热能用来制冷的物理原理）的原理以及包装材料本身良好的隔热性能来完成冷却的功能。

图1-2　航空食品包装/PDD Group/英国/2004

更有意思的是这个包装还具有"智能"。在购买机票的时候，乘客就可以根据自己的喜好预先点菜，然后系统会自动生成一个信息文件，包括乘客的姓名、座位、所选食物以及烧制方法，并把这些信息输入一个智能标贴，最后把智能标贴嵌入包装中。这样，这个包装就有了一颗"芯"。拥有了智能的套餐包装可以准确地识别不同身份的乘客以及他们各自所选择的菜肴，并依此进行烧制，实现真正的个性化（图1-3、图1-4）。

白金航空食品包装
设计单位及设计师：PDD
Group（设计公司）-
Miles Hawley,Martin Kay,Dan
Brady, Mark Tosey（设计师）
客户：PDD Internal Futures
Concept
设计时间：2004

图1-3　航空食品包装/
PDD Group/英国/2004

图1-4　航空食品包装/PDD Group/英国/2004

　　在这个案例中，我们看到的是一个极具未来感的飞行食品包装，因为它存在的首要目的就是装载这些飞行食品；同时我们又无法否认它是一个高科技的工业产品，因为：① 除了装载飞行食品之外，它还具有识别信息、烧制食物等多种不属于包装定义范畴内的功能；② 为了使其能够完成目标功能，从包装主体到附件，都使用了高性能的工程材料；③ 包括智能芯片在内所有目标功能的实现，都离不开高科技工程技术对这个包装的工业化加工生产。所以说，"包装"和"产品"之间的界限并不总是那么清晰，它们可以重叠，甚至可以是同一个物体。

2）包装是产品的附件

上一小节中我们看到包装除了装载保护商品之外，还可以有很多不在包装定义范畴内的功能，我们称之为"包装的第二功能"。如果包装的第二功能是用来配合完善其所装产品的使用功能，或者能和所装产品相结合后产生新的使用功能，那么这个包装就帮助所装产品实现了功能的延伸，可以被当作所装产品的一个附件来对待。

对于经常搬家的年轻单身一族来说，买个平板电视机实在是个令人纠结的决定。一应俱全的家用电器是生活质量的保障，但是单身公寓里往往连个储物间都没有，根本就没有多余的空间留给一个空的包装箱。如果不保留这些电器的原包装，下次搬家的时候这些昂贵的电器就难免会遭受损伤。而且，有了电视机就不得不买电视柜。多一份支出不说，每次搬家，这些东西就成了留之痛苦、弃之可惜的麻烦。

针对这些空间和经济状况，英国伦敦艺术大学中央圣马丁学院的工业设计硕士生Tom Balhatchet就通过他设计的平板电视机包装给消费者带来了这样的一个惊喜——买一台平板电视机，送一个无需包装、无需运输的新颖电视机柜作为附件！

这里要说明一下的是Tom的这个项目是在校期间的作业练习。作为一名工业设计硕士生，Tom的这个项目更多的是对产品包装第二功能的研究探索，并非是个完整的商业销售包装。而我们在这一节中的主要任务是认识包装和产品的关系，所以对包装的商业信息的视觉传达功能也暂且略过。对于包装所要包含的商业信息将会在第二章中详细介绍。

这个平板电视包装由上下两部分组成。顶部和底部的侧面各有一个凹口，以锁定封箱带／绳的位置，确保包装闭合稳固。分体式设计使用户能够较传统纸箱包装更轻松方便地取出电视机（图1-5）。当这个包装完成了装载、保护电视机的第一功能后，我们可以把上下两部分利用其自身的锁口固定起来。内衬上也有锁口，可以两两相对合起来，然后安装到包装内预定的位置。而原来内衬的位置上就会露出4个排线孔来（图1-6）。这样，不到2分钟，一个轻便实用的电视柜就安装好了（图1-6）。马上放上新电视机享受吧！再也不用为没有空间储藏暂时不用的电器包装而犯愁了（图1-7）。等到下次搬家的时候，只要把内衬放回四角，放进电视机（图1-8），盖上上半部分的包装，用绳子或胶带重新捆起来，电视机就准备好上路了（图1-9）。

这种分体式结构包装使得包装的尺寸可以不受电视机尺寸的限制而适合于各种不同大小的平板电视机，成为平板电视的通用包装，从而有效节约包装的生产成本。分离式内衬的结构设计一方面使这个包装能够适用于不同形状型号的平板电视，另一方面加强了此包装作为电视机柜使用时的承重性能，优化了它的第二功能。

图1-5　平板电视机包装/Tom Balhatchet/英国/2007　　　　图1-6　平板电视机包装/Tom Balhatchet/英国/2007

图1-7　平板电视机包装/Tom Balhatchet/英国/2007

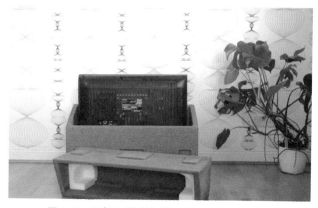

图1-8　平板电视机包装/Tom Balhatchet/英国/2007

平板电视机包装第二代
设计学生：Tom Ballhatchet / 英国
所属院校：英国伦敦艺术大学
中央圣马丁学院
2007 届工业设计硕士
2007MA industrial design,CSM, University of the Arts London
设计时间：2007

图1-9　平板电视机包装/Tom Balhatchet/英国/2007

整个包装包括内衬都采用高性能的环保聚丙烯塑料发泡材料EPP（Expanded Polypropylene）制成。这种新型材料赋予了包装：第一，丰富的色彩选择；第二，卓越的抗震性能；第三，耐热、耐油、耐化学腐蚀；第四，自重轻；第五，可自然降解，无污染，并可100%回收再利用。而这些性能使得这个包装更符合可持续发展设计的概念，并且可以伴随电视机的使用寿命，一直到回收站，成为电视机真正的"终身伴侣"。

在全球可持续发展设计蓬勃发展的大环境下，这种"附件式""伴侣式"的包装正受到越来越多的推崇。因为这种包装具有超过传统包装的使用价值，并且，相对于传统单一功能的包装，它们拥有很长的生命周期。与单一功能的传统包装相比，其对消费者、对厂商、对社会环境所带来的利益是显而易见的。

3）包装是产品的"保镖"

其实从包装的定义我们就可以明确包装的"保镖"职责了，因为它是为了"保护商品而存在的"。消费者能够看到的体验到的包装功能是从在实体店里看到或者通过网购收到商品的时候开始的，但对于商品来说，从产品离开厂家的那一刻起，直到产品到达消费者手中，才是这个"保镖"的主要职责所在。相对于消费者的个体产品的携带，批量的长途运输和工业操作更容易造成产品的损耗，因此，在这个过程中，包装的保护功能就显得格外重要。好的包装可以有效避免产品在工业运输和储藏的过程中受到伤害，减少产品损耗带来的经济损失。

宜家以廉价优质的家居产品闻名于世，并以其标志性的瓦楞纸平板包装著称。极简的视觉设计和良好的功能性使得宜家的包装独树一帜。从图1-10中，我们可以清楚地看到Skir香槟对杯包装的结构设计即使在包装侧卧的情况下玻璃香槟杯也不会触及盒壁，换言之，整个杯子是悬空在包装盒里的。这样的设计利用在产品周围制造

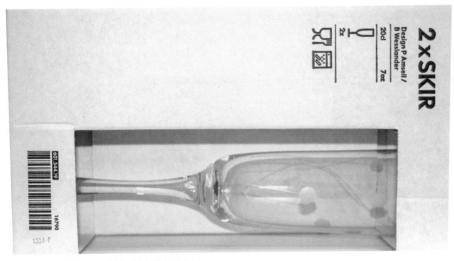

图1-10　宜家Skir香槟对杯/法国/2013

一定空间的方法有效达到减震目的，给玻璃杯这样的易碎产品提供良好的保护。

生活中，从保安、武警到国家领导人保镖，虽然级别不同，但都是"保护安全"的工作。相应地，包装也有很多级别。不同级别的包装有着不同的保护性能和"外挂"。就像并不是所有的人都能请得起高级私人保镖一样，并不是所有的产品都能负担得起一个专属的高性能包装（图1-11），不过每个产品在运输和储藏的过程中都必须有一定的保护措施（图1-12），否则，产品还没有出售就已经损坏，会给商家和社会带来不必要的浪费和经济损失。

图1-11　宜家家居/法国

图1-12　宜家家居/法国/2013

并不只是易碎品才需要保护。只是不同的产品材料、不同的产品特性，需要不同的保护。例如，塑料产品虽然抗压抗震性比较好，但却容易被擦伤，所以要避免摩擦（图1-13）；金属制品强度大，不怕擦刮，但由于一般自重较重，在意外跌落的情况下容易磕伤，因此需要缓冲包装的保护（图1-14）。

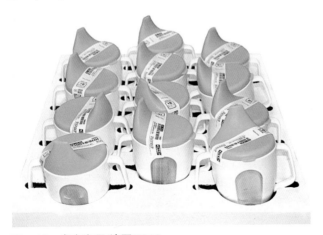

图1-13　宜家家居/法国/2013

图1-14　宜家家居/法国/2013

有时候，产品的结构会比较复杂，包含了多个不同材料的部件，并且为了方便包装运输，不得不把产品拆零后组合包装。这种时候，包装的内部结构就显得格外重要了。

图1-15　Dyson DC35戴森无线吸尘器DC35/英国/2011

戴森DC35无线吸尘器的包装盒里装了主机、铝制吸尘管、2个塑料吸头、1个带微型动力装置的吸头、充电器和塑料架子和2本说明书（图1-15）。每个部件都分别用塑料袋单独包装了起来，以防止运输过程中的晃动造成擦痕。所有这些部件中，铝制管的自身强度最大，且自重轻，所以它的保护就只有一层瓦楞纸（图1-16）。其余的塑料部件相对于铝管来说就要脆弱些了，所以它们都被防震缓冲结构保护着。如果说这些部件有点磕磕碰碰还不影响使用的话，那么自重最重，并且结构最复杂，承担着最主要和最重要的功能的主机则是绝对的重点保护。图1-17中的两个重量级的悬空结构防震垫保证了：第一，主机在运输过程中位置相对固定，不会因为太多的晃动而造成意外；第二，吸收外来的冲击压力。

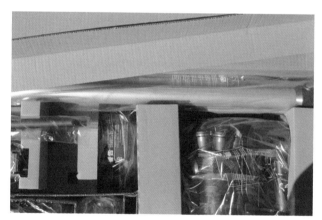

图1-16　Dyson DC35戴森无线吸尘器DC35/英国/2011

图1-17　Dyson DC35戴森无线吸尘器DC35/英国/2011

4）包装是产品的外衣

虽然包装的基本功能是装载、保护商品，但就像衣服对人类而言早已不只是包裹身体的保暖工具一样，在商品经济高度发展，产品同质化的今天，包装更多地承担起了赋予商品不同角色、个性以及身份的功能。俗话说"佛要金装，人要衣装"，我们在不同的场合环境需要有不同的衣服装扮，不同的服饰风格也同时体现了个人风格和品位。对商品而言，包装就是产品的"衣装"，"着装"得体才能获得消费者的青睐，赢得更多的市场。

在日常生活中，我们有休闲装、便装、正装、礼服和制服以适应不同的活动场合。作为产品外衣的包装也一样，尽管产品不变，但不同的销售模式，或者不同的市场定位都会要求产品要有相适应的包装。

同一品牌下不同系列的产品，其包装往往也不同，甚至可以风格迥异。一方面当然是为了便于不同系列产品的识别，但更重要的是辅助强化并传递产品个性风格的信息。摩托罗拉是著名的手机品牌，旗下拥有众多市场定位不同的手机系列。从其手机本身的造型设计来看，或者动感新潮，或者时尚性感，或者艺术前卫，或者商务经典。当这些个性十足的手机进入市场的时候，它们就需要不同的适合各自风格的包装来帮助它们强化各自的风格特点，以便在目标消费群中引起心理上的认同，产生归属感，从而赢得消费市场。Burgopak 英国公司自2005年起便与摩托罗拉公司合作，为其设计生产手机包装。下边这些风格迥异的包装都是Burgopak英国公司为摩托罗拉的手机量身定做的。从图1-18中规中矩的日常商务风格，到图1-19酷酷的前卫时代感，再到图1-20的简洁休闲，最后图1-21的艺术时尚，所有的包装风格都恰到好处地体现了摩托罗拉公司赋予这些手机的个性风格。例如图1-21，摩托罗拉Aura手机的造型本来就非常特别，与市场上所有的方块或类方块手机不同，这个独有的圆形手机就其与众不同的气质来说就堪称艺术品。所以它的包装相对于大多数手机包装的商业性，更多呈现的是低调雅致的艺术性。

图1-18　Motorola智酷XT701手机包装/Burgopak Ltd./英国

图1-19　Motorola手机包装/Burgopak LTD./英国　　　图1-20　Motorola手机包装/Burgopak LTD./英国

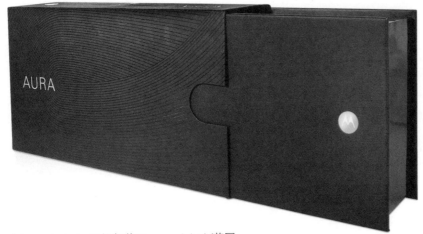

图1-21　Motorola Autra手机包装/Burgopak Ltd./英国

如果我们把Autra的包装换给智酷XT701,行不行?从技术上来说当然没有问题,但这就会像天天穿着白衬衫的普通公司小职员突然换上了三宅一生设计的服装一样不伦不类。当然,如果这个小职员被邀请去参加奥斯卡颁奖典礼的话,就必须把白衬衫换成晚礼服。摩托罗拉V3i D&G限量版手机就是穿着这样的金色礼服出现在大家面前的(图1-22)。而当与D&G的这个活动结束后,V3i就不得不回到现实的普通生活中了(图1-23)。

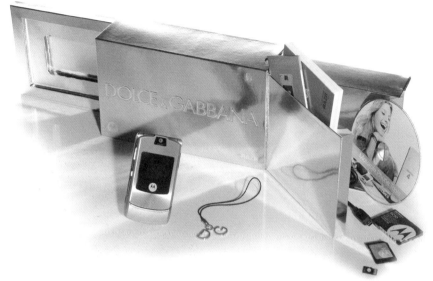

图1-22　Motorola V3i D&G限量版手机包装/Burgopak Ltd./英国
Burgopak Patented Packaging . Burgopak公司拥有包装结构设计专利权,如有需要,请与其联系

图1-23　Motorola V3i D&G
普通版手机包装/英国

当一个公司或者一个品牌旗下所有的产品都是以公司或品牌的形象理念为价值核心的时候,就需要给这些产品穿上"制服",通过视觉统一来达到强化品牌概念的目的。一旦穿上了制服,就会被打上职业的标记,其个性反而会被遗忘。这就像是穿上了军装的人就是个军人,以至于这个人本身反而被淡化一样。任何产品,只要穿上了"制服",它所代表宣传的就是这个品牌的个性形象,产品本身的个性特征反而变得无关紧要了。

O2是英国电信品牌巨头之一。除了出售电信服务和各大品牌的手机之外,它也出售自己品牌的系列手机(图1-24)。O2不像摩托罗拉是个专营的手机品牌,它的竞争对手是维珍(virgin mobile)和"3"这样的同样销售iphone、三星手机的电信品牌,而不是摩托罗拉、诺基亚、iphone这些合作伙伴,所以它必须强调作为整体的O2的品牌个性,而不是单个手机产品。消费者选择O2是因为对O2品牌文化的认可而不是对三星或iphone的认可。所以,不管是不是O2品牌的手机,在O2出售的产品都要穿上O2的"制服",不管是结构、色彩还是平面视觉设计,其包装都带有强烈的O2特征,展现了O2的品牌文化个性。从(图1-24至图1-26)中我们可以清晰地看到这一点。

图1-24　O2 cocoon系列手机包装/Burgopak/英国

图1-25　O2 Jet 和Xda系列手机包装/Burgopak/英国

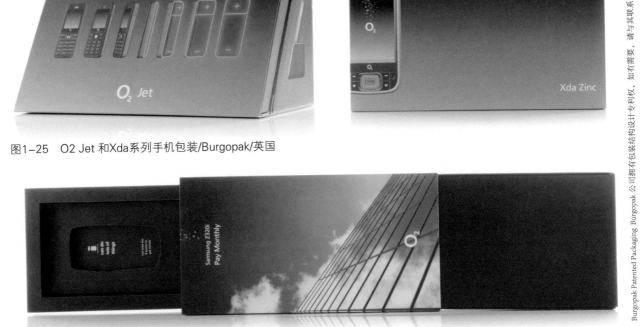

图1-26　三星Z350i手机包装/Burgopak/英国/2005

Burgopak Patented Packaging Burgopak 公司拥有包装结构设计专利权，如有需要，请与其联系

2．基于产品之上的包装设计的原则

1）保护产品的原则

在我们反复强调包装存在的第一要素——保护产品之后，包装的保护性也就当仁不让地成为设计时的第一原则了。在上一节中，我们以缓冲防震为例，解释了包装和产品之间的保护关系。在实际设计过程中，要实施这一原则必须要考虑到包装内所装产品本身的属性特征、销售地区气候环境及产品的物流运输等多方面的因素。

就单件或单组产品的包装来说，内容物产品的属性特征决定了个体包装所要具备的基本功能（图1-27）。不同的产品有其不同的物理、化学属性特征，对包装的要求也不尽相同。一般来说，首先要考虑产品形态是属于稳定型——例如底面面积较大且在同一水平面的产品形态或者有基座的产品形态，还是非稳定型——如球形或任何易滚动、表面不在同一平面的形态。对于非稳定型形态的产品包装要考虑到对产品的定位作用。其次应考虑产品的重量及尺寸。对于重量较重的产品必须相应加强其包装的承重性能，必要时根据国家标准进行物理测试，以免包装破裂带来的损失。对于产品尺寸和其包装尺寸之间的比例，各国的包装法案和标准中都有相关规定，通常，包装的合理体积是产品体积加上必要的防护件体积的总和。对于体积较大的产品应考虑将产品拆分重新组合包装的可能性，以加强对产品的保护。然后还必须考虑到产品自身的强度和脆值（即易损度），并以此为根据设计缓冲策略。对于一般的产品，常用的方法是选择产品强度较大的位置为支撑点，对其进行固定或／及采取缓冲措施。另外，如果产品的产地和销售地不在同一个气候带的话，还必须考虑气候变化给产品带来的影响，这包括温度、湿度、日照、气压等因素的变化。例如某件产品的销售地或运输途经地包括了西藏等高原地区，那么它就不适合用气袋防震包装，或者要相应适当地减低气袋的内压。因为高原地区的气压低于平原地区，如果使用相同的压力参数，在平原地区可以正常保护产品的缓冲气袋在高原地区就有可能因为内压太高而破裂，从而失去对产品的保护功能。除了以上几个因素之外，通常还要考虑到包装的耐水性、耐潮性、耐腐蚀性和耐霉性。特殊产品，例如含有易爆部件的产品或者对光敏感的产品则需要根据其安全性和有关法规进行特别的设计。最后，单件或单组产品包装的设计还必须考虑到和整体运输包装之间的协调性。它们之间的功能配合得越好，对产品的整体保护性能就越高。例如单件包装的形态是否能与运输包装的形态相契合。如果在组合运输的时候各个包装之间能够很好地契合，不留多余空间，就能很好地固定产品位置，使产品间不致因互相碰撞引起损伤。

运输包装是指在物流过程中装载和保护货物，使其便于搬运、储存和运输的包装。*运输包装的设计一般从产品装卸作业条件、运输环境条件和贮存保管条件这三个方面来考虑（图1-27）。

*ASTM D 6198-2007 Guide for Transport Packaging Design,3.2/ 美国材料试验学会标准《运输包装设计指南》第 3.2

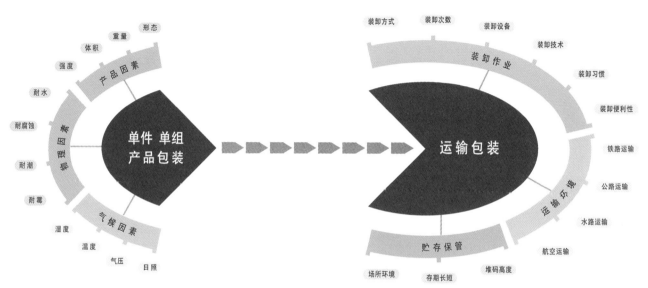

图1-27　单件、组产品包装与运输包装关系图

装卸作业条件包括了装卸方式、装卸次数、装卸设备、装卸技术、装卸习惯、装卸便利性等因素。结合所装产品的强度值，就能为包装的设计提供重要的参考数据。例如，装卸方式因素中，人工作业带来的风险更多的是由投抛造成的晃动和跌落，而机械作业则更多的是机械冲击。如果是多式联运转载作业则要考虑更多的可能性。

运输环境条件可以从铁路运输、公路运输、水路运输和航空运输四个方面来考虑。铁路运输常遇的情况是由火车运动带来的振动、冲击；由于整车厢运输而给底层产品造成的货压问题；通常货车的通风性较差，由此带来的温度和湿度等问题。公路运输主要是恶劣路况、换挡或急刹车造成的冲击和振动。水路运输特别是海运由于海上气候变化频繁，应考虑到温度和湿度的变化、盐雾、船体的正常摆动、遇到风浪时的冲击等；另外船运的货舱一般都比较大，所以还要考虑到货压的问题。飞机航空运输一般会遇到起飞和降落时造成的冲击，空中飞行时气流颠簸造成的振动，地面和高空的急剧的温度和气压的变化等。

贮存保管条件中的影响因素一般包括了堆码高度和方式对产品强度的影响，贮存期长短对包装材料及容器的疲劳和强度的影响，贮存场所的温湿度对包装件的影响，室外贮存时的风吹、日晒、雨淋、凝露、扬尘等对包装件的影响*。例如正常情况下，产品的强度足以承受5倍堆码，但是实际堆码要求要达到8倍，这种情况下就必须相应增加包装的强度以适应实际需求。包装材料的强度和其疲劳度是成反比的，贮存期越长，堆码时间越长，包装材料就越疲劳，其强度就越低。如果设计时没有考虑到贮存期的长短，那么在贮存期的后期就有可能由于包装材料强度的降低而导致包装破裂，最终导致产品的损伤。所有的材料都有其适应的温度、湿度和气压等物理条件范围，超出这个范围，材料的强度、脆值等性能就会发生改变，增加包装性能下降、产品受损的风险性。所以如果贮存场所的温度、湿度或者气压的数值超

* 引自中华人民共和国国家标准 GB/T 12123—2008《包装设计通用要求》第 4.2.3

出常规，又或者产品包装使用了非常规材料，那么也应当在设计包装时作出相应的调整。一般来说，室内的环境条件相对稳定，而室外环境则变化较多，所以，当产品长时间在室外贮存时，除了室外环境特点外，更多要考虑到温差变化、干湿变化等对产品和包装件的影响。

2）遵守相关法规的原则

各个国家对于包装都有许多相关的法律法规和标准。以法律形式出现的标准或要求为强制性要求，而普通标准准则的约束力则要小得多，不具有强制性，因此，不同的包装法律法规可能导致产生贸易壁垒（图1-28）。目前，我国的产品包装法是根据《中华人民共和国固体废弃物污染环境防治法》的有关条款而制定的《包装资源回收利用暂行管理办法》*。由于其中并没有给出明确的处罚标准，所以与其说它是法律，不如说是一种相关的管理办法和准则。除此之外，相关的有《中国包装国家标准》。换句话说，目前，我国还没有和包装直接相关的强制执行的法律，这使得虽然我们有详细的相关国家标准，但执行力度相对较弱。

*《中华人民共和国产品包装法》第一章

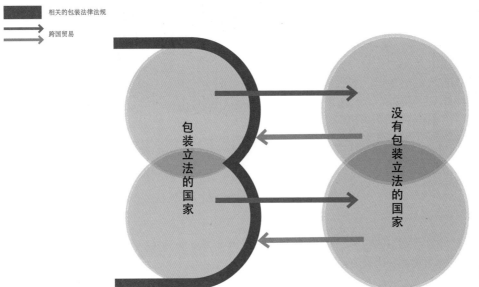

相关的包装法律法规

跨国贸易

包装立法的国家

没有包装立法的国家

图1-28　包装法律法规产生的贸易壁垒图

与我国目前尚未制定相关法律或强制性国家标准的现状相比，欧美日等发达国家早已制定了一系列面向公众的相关法律。例如美国的联邦法典（Code of Federal Regulations，缩写为CFR）中的第16卷《商业规则》（TITLE 16—COMMERCIAL PRACTICES）和旨在预警的美国《公示法案》（Model Legislation）等；欧盟的《欧洲议会和理事会关于包装和包装废弃物的指令 94/62/EC》（European Parliament and Council Directive 94/62/EC of 20 December 1994 on Packaging and Packaging Waste）及其修正案和《统一成员国预包装产品按明确的重量或容量制造的法律的指令 76/211/EEC》（Council Directive 76/211/EEC on the Approximation of the Laws of the Member States Relating to the Making-up by Weight or by Volume of Certain Prepackaged Products）等（注意，指令（Directives）是最常见的技术法规，通常是由欧洲议会（The European Parliament）和欧盟理事会（The Council of The European Union）根据《欧洲共同体条约》赋予的权利和职责，向各成员国颁布的，并且通过成员国转化为本国的法律之后生效。指令仅对其规定的预期目标有约束力，以至于达到该目标采取的任何措施，原则上由成员国自行决定，*因此出口欧盟的商品包装还应考虑到出口欧盟相应目标国的具体相关法的律法规）以及日本的《食品卫生法》（Food Sanitation Law in Japan）中的第三章《设备和容器/包装》（Apparatus and Containers/Packages）和《工业产品进口货物规则》（Handbook for Industrial Products Import Regulations）等；新西兰、澳大利亚的《国家包装公约》（The National Packaging Covenant）等。在这些强制性的法律法规中，对于包装材料的化学成分、废弃包装的处理、

*中华人民共和国商务部《出口商品技术指南——欧盟商品包装》（2009年第二次修订版）第二章，1.11

销售包装上各种标签的使用等都作出了明确的规定。出口产品必须根据出口目标国的相关法律法规来设计包装，否则将会受到出口目标国就地销毁、遣返或包装就地重新处理等相关处理方法所带来的巨大经济损失。

3）可持续发展的原则

随着绿色环保低碳的概念深入人心，可持续发展设计也越来越成为人们热议的话题。人们已经越来越多地认识到可持续发展设计对全球社会发展的积极意义，并开始从中获利。可持续发展设计已经逐渐成为全球主流概念以及未来发展的方向。在这样的环境下，可持续发展也成为当今包装设计的原则之一。

在可持续发展包装设计的概念中，一个常犯的错误是把它和环保包装的概念相混淆。环境保护只是可持续发展概念中的一个部分。根据2005年世界首脑会议结果中的解释，可持续发展的三个组成部分为经济发展、社会发展和环境保护。（原文为"the three components of sustainable development——economic development, social development and environmental protection——as interdependent and mutually reinforcing pillars"，意为：可持续发展的三个部分——经济发展、社会发展和环境保护——就像是相互依存并且相辅相成的支柱。）*

*2005 World Summit Outcome, No.48/ 2005 年 世界首脑会议结果第48小节

在这三个部分中，绿色环保包装的概念最为人们所熟悉。所谓的环境友善包装（environmentlly friendly packaging）是指遵循包装轻量化（Reduce）、包装的重复利用（Reuse）和回收再生（Recycle），以及包装废弃物的可降解（Degradable）这3R1D原则的包装。包装轻量化指的是通过减少包装的用材或者优化包装材料来减轻产品包装的自重，从而减少碳足迹。包装的重复利用是指厂商回收部分或全部包装制品，经简单处理后再次使用，或者消费者多次使用产品包装，从而延长包装生命周期，减少包装生产总量。回收再生是利用分类回收的包装废弃物，生产再生制品，或者进行能量转化，如焚烧利用热能，堆肥改善土壤等（图1-29）。如此在处理废弃物的同时充分利用地球资源。包装废弃物的可降解腐化是指不可回收再利用的废弃物要能够被化学或生物分解，回到自然链中，而不会形成永久性垃圾。

对于环保包装，最常用的设计方法是使用新型的环保材料。例如使用再生纸、TERRASKIN®纸等非树制纸代替原浆纸；用RPET面料、无纺布、再生棉人造皮（Recycled Cotton Leather）等代替传统布料、皮料；用生物塑料（Bioplastics）等可降解塑料或REVA等再生塑料代替PVC等传统污染性塑料；用再生纸浆压模或者"蘑菇包装"（Mushroom® Packaging）（图1-30）代替传统的泡沫塑料等。除此之外，结构和印刷方式的设计和环保材料的选用一样，起着重要的作用。

图1-29　再生纸包装

图1-30　蘑菇包装

良好合理的包装结构设计是包装轻量化的主要方法。在宜家，所有产品的包装从视觉到结构的设计统统遵循"少即是多"的原则。通常的方形盒子包装都有六个面，宜家的这个儿童灯罩包装盒却只有5个面，第六个面在缩小面积后被分成了4份，设计成定位产品的防震结构（图1-31）。这个设计不但明显大幅度减少了包装用材，而且还加强了对产品的保护。在宜家的轻型产品包装设计中，到处可见这种"减面"的结构设计。它几乎成为宜家包装的一大特色，很好地诠释了包装轻量化的概念（图1-32）。

图1-31　宜家灯罩包装

图1-32　宜家包装

合理的包装结构设计还能通过赋予销售包装第二功能和优化运输包装的强度及携带便利性来延长包装的生命周期，为包装的反复利用作出贡献。

印刷设计主要是在回收再生和废弃物降解的环节中对包装产生影响。例如印后工艺——覆膜，由于它可以增强包装的耐磨性、耐折性、耐水性和抗拉性，并且可以很大程度上遮盖弥补印刷缺陷，所以在国内得到了广泛应用。但这种工艺产生的纸塑合一的结果使得原来可以被回收再生和可降解的纸质包装材料变得不可回收和降解，因此不符合环保包装的理念，从而在发达国家被淘汰。国际上常用的替代工艺是上光或者过油。印刷用的油墨对包装废弃物的再生也会产生影响。当废弃物中的油墨含量达到一定的量时就会影响再生产品的质量；另一方面，油墨中所含的重金属和挥发性有机化合物VOCs（Volatile Organic Compounds）等会对人类环境造成污染且难以被自然降解。解决的办法除了使用环保油墨之外，还应尽量减少油墨印刷。图1-33中诺基亚N900的包装在黑色再生纸上运用凹凸压印的工艺印制产品图形，只有品牌和品名使用烫印和胶印工艺，最大限度地减少了油墨的运用，同时又带来了与众不同的视觉效果。

图1-33　Nokia N900产品包装

当环保绿色包装的使用不仅保护了我们的地球环境，同时还为厂商带来直接的经济效益的时候，它就符合了可持续发展的另一个概念——经济的可持续发展。可持续发展包装设计概念下的经济发展主要是指产品包装的成本支出和由产品包装带来的价值之间的比值是否达到最小化和最优化。具体包括了产品包装的生产成本、物流成本和包装所产生的产品附加值。目的是在保证产品包装功能的前提下尽可能优化包装成本和包装价值之间的比值。

包装的生产成本取决于包装的材料、结构和生产工艺。就包装可持续经济发展的整体来说，降低包装成本并不是一个单纯的值的问题，而是在综合考虑各个环节因素的基础上，通过改进包装材料、结构和工艺的方法来降低生产成本的优化问题。例如在保证包装对产品的保护和销售功能的前提下减少包装的耗材，或者在不增加包装的生产成本的基础上改进材料或结构、优化包装的保护和展示销售性能，从而提高产品包装的价值。通过改进包装的生产工艺同样可以达到降低成本的目的。例如，传统的印刷工艺中必须要先制作菲林然后才能制作印刷用的版子。在新工艺中，利用电脑可以不用输出菲林而直接制版。需要说明的是，类似于上述的先进工艺在初始阶段有可能成本相对较高，但随着新工艺的普及和成熟，其成本一定会下降到正常水平，长远来看是有利于减少包装成本的。包装的物流成本包括包装运输、包装仓储和包装作业这三方面的消耗。便于操作的包装可以提高包装产品的效率、节约时间、降低作业成本。包装运输和仓储成本的减少则要依赖于包装轻量化的实施。从2005年到2010年，诺基亚减少了超过70%的包装用材，节约了24万t纸张。更小更轻的包装使得诺基亚的运输量减少到了原来的三分之一（图1-34）。包装轻量化的措施在为环境保护作出贡献的同时，还为诺基亚公司节约了大量包装成本，更为诺基亚树立了"有社会责任感"的良好企业形象。

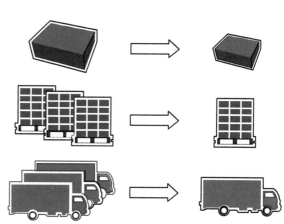

图1-34　诺基亚优化包装促进成本降低

宜家家居的设计把包装设计的经济可持续发展的概念发挥到了极致。环保、便利和低成本是宜家包装的标准。前面提到的儿童灯罩的包装结构除了减少了用材之外，还由于操作面开口面积大，在包装产品的时候便于操作，提高了作业效率，降低了操作成本。对于各边长38 cm，高22 cm的尺寸，在传统结构条件下，如果没有把手的话，恐怕很少有人可以一手提起。图1-35、图1-36中的设计使这个包装的四个侧面的任何位置都可以成为把手点，方便消费者携带。减去一个面后，消费者可以非常直观地看到产品，这样既可以避免消费者为了确认产品而打开包装，又可以避免为不同颜色的产品在包装上印刷不同图片，换句话说所有同型号的产品不管是什么颜色，都可以使用同一包装，从而节约印刷不同包装所产生的费用。另外，对于宜家这样的仓储式销售方式，这个包装的设计不但很好地适应了仓储的环境，同时还很好地展示了产品。

就像前面所说的每一个包装必须是针对所包装产品的具体属性来设计的，其设计方案的成立是以产品属性为前提基础的。在这个案例中，产品为塑料材质，强度相对较好、自重轻，为一面稳定、一面不稳定的半球形。这就提出对包装保护性能的要求：定位、轻度抗摔、轻度抗压、防擦刮。如果产品是立方体，或者强度差、易变形，那么这个设计就不能成立。

图1-35　宜家儿童灯罩包装/法国/2013

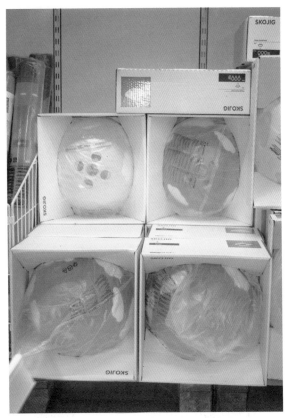

图1-36　宜家儿童灯罩包装/法国/2013

图1-37　宜家吸顶灯包装/法国/2013

图1-38　宜家仓储内平板式包装/法国/2013

同样是儿童灯罩，图1-35、图1-36是半球形的吊灯，图1-37则是扁平的太阳状的吸顶灯。产品材质一样，物理性能也一样，只是产品外形的改变，就完全改变了其包装结构。与传统盒式结构包装相比，这种结构在用材量和包装作业方便性及节省仓储容积方面的优化是显而易见的（图1-38）。所以可持续发展包装设计必须根据每件产品的具体情况及所要解决的具体问题来设计包装结构，才能达到优化的目的，实现包装可持续发展。传统的"一盒通用"的结构设计方式无法考虑到产品的具体特殊情况，在实际使用中造成了大量的浪费，已经不符合当今可持续发展设计的潮流，必将被逐步淘汰，直至退出市场。

宜家包装的另一大特点是以合理的结构实现最大限度对仓储、运输空间的利用——其闻名于世的"平板包装"。在宜家，小到凳子，大到立柜，几乎所有的家居产品都是采用平板包装。这种包装策略使得消费者可以轻易地用私家车运回在宜家购买的大件产品，同时为宜家节约了大量的贮存空间，并且方便消费者自助购物。

当众多的个人、企业的这些保护环境，促进经济的行为积累起来，形成一个行为准则、一种行业规范，达到一个面上的效应的时候，就客观上推动了社会的发展。例如推行环保绿色包装的直接结果是保护环境，环境改善是衡量社会发展的重要标准之一。包装轻量化等措施在为企业带来经济利益的同时也加强了企业的社会责任感，积极推动社会的可持续发展。另一方面，设计可以在不知不觉中改变人们的行为习惯和思维方式，在精神层面影响社会的发展。著名的例子是苹果公司的产品。苹果公司的产品在很多地方改变了我们的观念和生活，例如我们对手机的认识，再例如它的APP Store 在线软件商店和ipod、ipad 改变了我们使用免费盗版软件的习惯。不著名的例子是图1-39这个学生设计的自带垃圾袋的瓜子包装。真心希望有一天所有的瓜子包装都自带垃圾袋，使遍地瓜子壳的场景在中国成为历史。在可持续发展包装设计下的社会的可持续发展，一方面，指的是环保绿色包装和有利于经济可持续发展的包装设计客观上对社会发展起到的推动作用；另一方面，是指在包装设计时考虑到产品包装可能产生的社会影响，并利用设计改变人们的生活方式，推动社会发展。就像"可持续发展"定义中解释的：社会发展和经济发展、环境保护这三个部分是相辅相成的，它们之间互相促进，互相成就，共同实现地球的可持续发展（图1-40）。

图1-39　瓜子包装/王容（学生）/指导：孔德扬

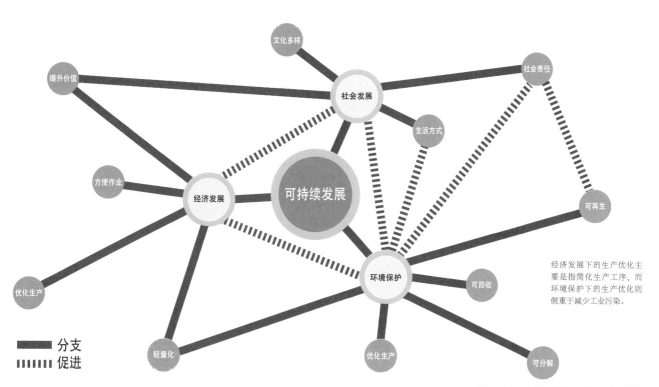

经济发展下的生产优化主要是指简化生产工序，而环境保护下的生产优化则侧重于减少工业污染。

图1-40　可持续发展概念关系图

第二节 产品专业中的视觉设计

1. 视觉设计和产品设计的关系

在传统的概念中，视觉设计和产品设计是两个专业。在国内的设计教育中，这两个专业几乎没有交集。但是，就像在当今多元化的时代背景下已经没有完全意义上独立存在的应用学科一样，在现代社会下诞生的新设计概念中也没有可以被完全割裂开独立存在的设计专业。人们对于设计的要求已远远不是一个专业、一个领域的技术知识所可以完成的了。在实际的操作过程中，仅凭一己之力往往已经不能胜任如今的设计项目，只有由不同领域的人才组成的多学科设计小组才能够很好地完成当今这种涉及材料、工程、技术、信息、物流、心理学和市场营销等多方面知识因素的复杂设计项目。作为设计师，只有具备了跨专业多领域丰富而广阔的知识，才能融入到这种多元交叉、复合型的设计小组中，而不被时代所淘汰。

视觉设计和产品设计在应用上存在两个交集：产品本身的视觉设计和为推广产品的视觉设计。

1）视觉设计在产品设计中的体现

当我们说视觉是人类的第一感观时是因为我们对外界信息的认知大多是通过视觉来获得的。每一天，我们都通过视觉主动或被动地接收着周围各种各样的信息，并在其影响下产生各种体验，作出各种行为决定。

产品上所有能被视觉所感知的信息元素，例如产品的外形、表面材料的质感、功能界面，产品表面的色彩、图形以及产品品牌的表现，都属于产品的视觉表现形式。产品的视觉设计就是指以产品的视觉形式为内容，进行研究整合，设计创造的过程。如果说产品的视觉表现形式是用户被动接受的信息，那么产品的视觉设计就是把这种被动的信息转化为产品有目的地主动向周围的人传播的信息。这些信息包含了产品使用方法的示意、产品的设计理念和产品的品牌特征。如苹果的产品（图1-41）就很好地体现了这点。有效的产品视觉设计能够帮助使用者正确理解和使用产品；能够准确传递出产品的设计理念并以此来打动目标消费群，使之与产品之间产生心理情感上的共鸣，从而建立产品忠诚度；能够准确传递出品牌形象，并不知不觉地在消费者心中烙下品牌特征的烙印。

mint是irobot公司推出的一款集扫地和拖地功能为一体的地板专用自动清洁机（图1-42至图1-44）。mint的特点是与其他的清洁机器人工作时发出的噪声相比，它可以说几乎是静音工作。因为这一特点，mint可以在工作时

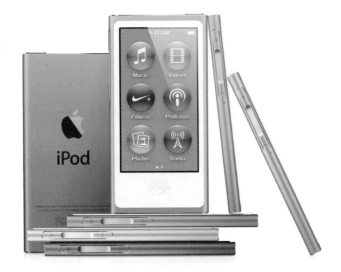

图1-41 苹果Ipod nano/美国/2013

图1-42 mint地板清洁机/Fuseprject，USA/美国/2010

完全融入周围的环境中，让人几乎感觉不到它的存在。mint黑白经典色的搭配以白色为主体、黑色为点缀。一方面，白色表达了安静、祥和的色彩语意，对人的情绪有舒缓的作用；另一方面，白色也一直都是单纯和洁净的代表。所以白色主体可以很好地体现出mint静音工作的特点，传递宁静产品气质的同时表达产品的清洁功能特征。另外，白色也是最能融入家庭环境空间的颜色，因为大多数的家庭空间为浅色。而黑色的点缀使得产品即使在"融入"环境的状态下也能很容易被找到，而且黑色也能反衬白色，使白色显得格外清洁。

图1-43　mint地板清洁机/Fuseprject，USA/美国/2010

图1-44　mint地板清洁机及其导航仪/Fuseprject，USA/美国/2010

mint的设计者注意到家庭清洁用品的主要消费群大多为女性，为了吸引这些女性消费者，mint在外形设计上摒弃了多数家用清洁机的模式，例如吸尘器等大型家电的"重型机械"外形设计，取而代之的是对整个产品的"圆边"处理，甚至产品的表面也是微微隆起。这种丰满圆润的外形更符合女性消费者的偏好。中间液晶显示屏的菱形造型则来自于与其相配的"北极星"导航仪。

mint的操作相当简单，只有三个功能键，并在排列上与它的液晶屏相呼应，相互指示，使其操作简单明了。

产品的外观并不是随机设计或者仅仅只是为了"好看"设计的。产品的外观设计必须建立在对产品功能和理念以及对终端用户实际需求和情感偏好的深刻理解的基础上，才能很好地指导使用、准确地传递功能理念并吸引促成消费，最终成功建立产品及其品牌忠诚度。

2）视觉设计在产品设计周围的推广活动
如果说外观设计是视觉设计和产品设计直接融合的产物，它只能作为产品设计项目的一个环节来发挥作用而无法独立存在的话，那么围绕在产品设计周围的这些商业设计则是以视觉为表现形式，以产品为表现内容的产品

图1-45　Batelco电信广告/Unisouo，Manama，Bahrain/巴林/2013

画面上显示出的是个场面宏大的音乐会，再仔细看，就可以发现原来这么大的音乐会居然是在手机中召开的。"大流量"正是 Batelco 电信公司宽带产品的特色。4G 的流量足以让用户在手机上下载观看一场高清的盛大音乐会，享受身临其境的视听效果。利用视觉，营造出宏伟精美的氛围，强调突出了产品特性，以感性的方式传播了理性的信息。在制造消费动机的同时培养和放大了消费欲望。

注：Batelco 是巴林（一个濒临波斯湾的由群岛组成的阿拉伯国家）的一家电信公司。

设计的附属延伸设计（图1-45）。它们在内容理念上与其产品的设计应该是一脉相承的，但其存在的形式却是相对独立的，不依赖于产品的空间物理存在。换句话说，虽然产品设计周围的商业视觉设计是为了服务其产品而存在的，但它们并不需要产品的实际存在来发挥作用。事实上，这些视觉设计形式是可以与产品设计相并列的独立设计专业，有它们自己完整独立的理论和实际操作体系。它们并不从属于产品设计专业，但却不可避免地和产品设计相交，产生了"公共地带"。而本书中所讨论的视觉设计仅局限于这个"公共地带"的范围内。

视觉设计的根本是传播信息。在这个"公共地带"中，它传播的是和某个特定产品相关的信息。这些信息包括但不限于产品的功能类别、使用特点、消费者有可能特别关心的产品卖点、产品的设计理念、产品的品牌理念及背景等。通过传播产品特性等信息，可以帮助消费者认识到产品的使用价值，制造消费动机；使用或功能特点以及产品卖点的传播可以吸引目标消费者，产生消费欲望；产品设计理念的传播有利于从意识情感上打动消费者，得到消费者对产品的认同，促进消费行为的产生；品牌文化的传播则是借助于品牌价值提升产品附加值，利用消费者对品牌的认同来促成对产品的认同（图1-46）。

图 1-46 中的年轻母亲正推着婴儿车过马路。右半边是正常的视线，温馨而美丽。左半边则是高速度下的视觉效果，似乎马上就要撞上那辆婴儿车而令人产生异常紧张的情绪。设计师利用视觉手法制造紧张气氛，连接受众情绪，使之在情感上产生共鸣，从而认同其广告语"开车时不要发短信"。这则广告虽然没有正面出现其产品——手机，但"短信"一词已经在无形中把"手机"加上醒目的三星标志嵌入了每个观众的心中。如果没有那个三星的标志，那么这就是一个公益广告。但现在，它是一个出色的商业广告。

图1-46　三星广告/Cheil Worldwide Inc, Hong Kong挈尔国际市场传播公司香港部/中国香港/2013

诚然，在这个"公共地带"里，视觉设计是为了推广产品的商业手段，然而，视觉设计作用效力却不会因此而仅仅局限于与产品相关的商业范围内。考虑到视觉设计的巨大影响力不仅能够带来商业效应，也同时客观上在精神意识层面影响着人们，身为设计师就必须顾及它所带来的社会效应，考虑它在推广产品产生商业价值的同时是否有利于社会意识的发展。

视觉往往能在传播信息的同时震撼人的心灵，在不知不觉中影响人们的深层意识。因此产品的商业视觉设计不仅在主观上承担着传递与产品相关的信息、推广促销产品的任务，客观上也同时把画面中所表现出来的与产品有关或无关的其他信息一起传播给了公众，和其他媒体一样，直接或间接地左右人们的思想，影响着社会文明的发展。所以，我们对待视觉设计所表现的内容应该抱着谨慎的态度，并在设计的过程中考虑到所使用的视觉元素有可能对公众中未成年人或老年人所产生的特殊影响。视觉设计在与产品相交的时候，对产品企业来说，也许对它的主观任务和客观效应的态度会有所侧重，但无论如何，视觉设计的商业作用和社会效应是不应该相矛盾的。事实上，考虑到社会效应的商业设计更能够向公众展示企业的社会责任感，从而为企业打造一个良好正面的公众形象，从根本上有利于企业的长期发展。

2. 产品周围的商业视觉设计形式

1）产品样本

产品样本是企业为了宣传介绍产品而设计的手册。它可以是折页形式，也可以呈书册的形式；可以是全面宣传单个产品，也可以是罗列介绍多个产品。它的目标对象可以是个体消费者，也可以是批发经销商。它的内容涵盖了产品参数、物理性能、功能特点、设计理念、品牌文化、营销卖点等。它的目的是帮助消费者或买手认识并理解产品，以便作出消费决定。它的表现则由品牌元素、产品文案以及产品图片来共同完成。

和传统广告不同，样本里的内容属于消费者主动寻求的信息。如果一个消费者在看一个样本，至少说明他对这个样本感兴趣，甚至对这个产品感兴趣。因为我们可以在路边树广告牌，也可以在杂志里加插广告页，使路人或杂志读者在路过或读杂志的同时被动接收产品广告信息，但我们不能强迫读者去看一本样本。所以，相比传统广告而言，样本有更高的几率去打动消费者，促使消费者产生消费欲望。

样本的形式多样，且可大可小。但一般情况下最大不超过A3的幅面，最小不小于A6的尺寸。因为总的来说样本还是属于书册的范畴，所以总是以书册的形态出现。阅读方式为手持阅读。样本尺寸太大或太小都会影响阅读，妨碍信息传递，同时也会给翻阅造成不便（图1-47、图1-48）。

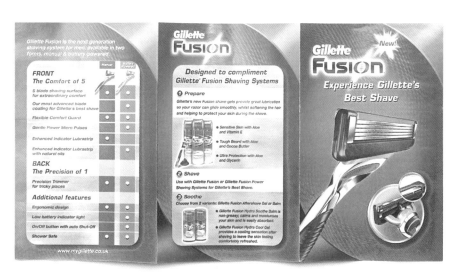

一张纸折叠起来也可以成为一个样本，就像图1-47吉利剃须刀样本；厚厚的、装订精美的图书同样也可以是样本，例如图1-48大普家居的样本。

图1-47 吉利剃须刀样本

图1-48 大普家居样本

* 这里特指空间物理尺寸。
但电子样本受到有效像素
的电子文件尺寸的限制

与减少纸张用量的环保理念向呼应，电子样本在国际上已经越来越普及（图1-49）。电子样本有两种形式：PDF格式的文本式电子样本和可以与用户完全互动的应用程序式电子样本。后者通常以手机或平板电脑为平台，在台式机上很少见。PDF格式的电子样本上的内容可以基本不受尺寸限制*，能被随意放大缩小，但通常都会尊重常规电脑屏幕的尺寸比例，以便全屏播放观看。除此之外，PDF格式的电子样本在视觉元素的版面编排上与传统样本没有本质的区别，它完全可以被打印出来，装订成册，成为传统形式上的样本。应用程序式的电子样

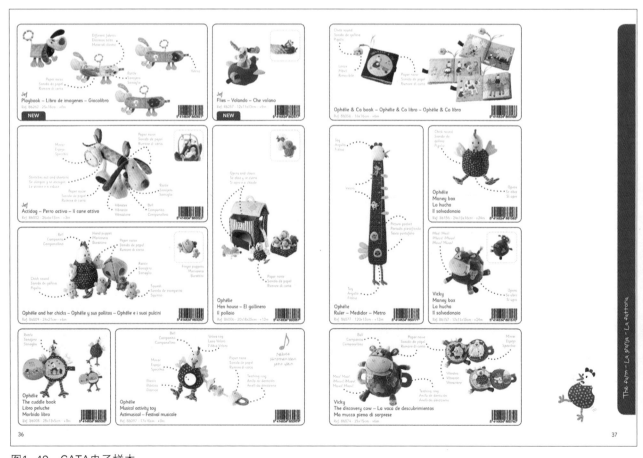

图1-49 CATA电子样本

本可以包含的信息量是最大的。这种与用户全方位互动的样本可以给用户提供精确的搜索服务，以帮助用户找到他们想要了解的产品；可以按照用户的喜好设置，向用户推荐他们感兴趣的类别的产品；可以收藏用户喜欢的产品，并进行价格跟踪，让用户及时了解相关的打折优惠活动；甚至结合了购物功能，可以在消费者产生购物冲动的时候立即消费。而且，这种电子样本还会自动更新。应用程序式电子样本虽然更能吸引消费者，但是，就目前来说，它的先期成本大大高于其他形式的样本。另外，对于单个产品的样本，它也没有太大的实际意义。

2）产品广告

广告顾名思义即"广而告之"。任何产品的市场销售都需要把产品相关信息"广而告之"，以此来吸引消费者。很多时候当我们说"酒香不怕巷子深"的时候，意思是只要产品好就不需要广告，自然有人上门来买。其实，"酒香不怕巷子深"正是典型的好广告的体现。"酒香"就是其广告形式，通过这种形式传递出来的信息就是"好酒！"，而巷子越深就越能体现其酒之香醇。另一方面，"酒香"这种信息传递的方式给人以无限的想象空间，人们闻着酒香，自然想要追其源头，而巷子越深就越给人以神秘感，刺激人的好奇心，使人越发想要探个究竟。因为经过了一番努力，最终找到"好酒"的时候就会特别珍惜"好酒"的来之不易，不惜千金买下"好酒"。所以"巷子深"正是为了反衬"酒香"的上乘广告手段。因此，并不是好产品不需要广告，而是好产品不需要那种低级的叫卖式广告。真正有效的好广告是能把产品的"好"作为诱饵，让受众在不知不觉中"愿者上钩"。事实上，现代人的生活中已经时时处处被广告所包围，人们对于叫卖式广告早已因为习以为常而变得麻木，甚至因为叫卖式广告的聒噪而厌烦。相对于赤膊上阵的叫卖，不露声色的引诱要高明得多，也要有效得多。

"广而告之的"的方法形式很多。以传统的方式来看就包括了广播、电视、杂志、户外、赞助活动等形式，随着网络的兴起，网络广告以燎原之势迅速占领国际广告市场，取代电视广告成为广告业的主流。本书中所要介绍的广告形式仅局限于以平面视觉为表现手法的杂志广告（图1-50）和户外广告（图1-51），以及新兴的网络多媒体广告。

传统的户外广告和杂志广告现在仍保留有一定的市场。但随着电子广告牌和电子书技术的进一步发展，我们不能确定是否有一天这些纸质广告会被另一种形式取代而退出市场。毕竟，长远来看，电子广告更符合可持续发展的整体趋势。

图1-50　苹果ipad mini杂志广告/TBWA,culver, city/美国/2012

图1-51　post it便条贴户外广告/Profero, London, UK/英国/2010

传统的视觉广告虽然面临市场萎缩的危机，但凭借其媒体特性，仍然占有一定的地位和市场份额。我们并不认为它们会在网络电子信息时代被新媒体广告完全取代。更多地，它们很可能只是退居二线，就像当初电视与广播的更替一样。而这也正是现实中正在发生的。可以肯定的是，未来的广告市场是属于多媒体广告的（图1-52、图1-53）。

网络广告有两种形式，一种是各种尺寸的滚动条（图1-52）。滚动条通常需要依附于某个网站，凭借网站的平台和人气来传播广告信息。这种方式和传统的广告没有本质上的区别，都是媒体客观传播，观众被动接受信息。类似这样的广告如果不能用夸张的手法引起观众的注意和好奇心，就很有可能被忽视掉而变得事倍功半。另一种是被称为 microsite 微网站的网站型广告（图1-53）。就像它的名字一样，这种网络广告看起来和普通的网站没有太大的区别，只不过它的内容都是围绕一件产品而已。与传统广告不同，微网站的受众不论是有意识还是无意识，都属于主动寻求信息，因此它的广告传播对象的准确率是最高的，效果也是最好的。只是微网站也需要滚动条的配合推广。

图1-52　各种滚动条广告

图1-53　福特汽车kuga microsite微网站广告/Wunderman worldwide/英国/2008

3）产品网站

如果说20世纪是工业革命的时代，那么21世纪则是电子信息革命的时代。互联网的出现大大改变了人类的生活方式，使信息的传播达到了前所未有的惊人速度。Flash 和HTML5技术的发展使网络这一虚拟世界的视听互动几乎到了无所不能的地步。通过网络，人们获得信息的速度以及信息量都是在以前的世界中所无法想象的。而人们的生活也越来越离不开网络了。例如，通过网络的虚拟办公室，人们可以在世界各个不同的国家、城市中分享工作文件，即时同步沟通，就好像在同一办公室里共同工作一样。网络购物使我们足不出户就可以购买小到一针一线，大到冰箱彩电，并且可以买遍全球。牛奶蔬菜之类的新鲜日常消费品也可以在超市的网站上购买，并且可以指定送货时间，节约大量的排队购物时间。因为超市有专业的采购人员以及冷藏物流设备，事实上，在网上买的菜比自己去超市买的还要新鲜。人们的娱乐咨询活动也越来越多地转移到网络上。人们可以在网上看电影电视，听音乐，读新闻，不仅可以看或听，还可以参与其中，公开发表自己的感想甚至自己的作品；不仅可以自己参与，还可以和朋友一起互动，并因此认识更多的朋友。这些在过去都是不可想象的。在这种网络成为主流的背景下，产品网站（图1-54至图1-56）的建立就成为推广产品的必需品。

多产品网站（图1-54）为了在庞大数据量传输量的基础上兼顾传输速度，通常表现手法相对比较简洁没有太多绚丽的视听效果。而微网站就像它的名字——"微型网站"，它所包含的信息含量远不如一个综合产品的网站，所以技术上就允许它可以有各种三维互动的电影级的超酷视听效果。另一方面"微网站"也可以说是网络上的"巨广告"，丰富炫目的表现会帮助它赢得观众的青睐，这样才能在网络上得到广泛的关注，从而达到"广而告之"的目的（图1-55）。

图1-54　苹果公司官方网站/美国/2013

图1-55　雪铁龙DS3 巴西版微网站/Rumba, 伦巴设计公司/巴西/2012
http://ds3.citroen.com.br/#/monte_seu_carro/cores

图1-56　Burberry art of the trench,芭宝丽 "Trench的艺术" 社会媒体网站/RGA, London/英国/2008

事实上，网络技术给企业市场营销带来的真正革命性的改变还并不在于新媒体的表现力和感染力，而是通过网络的后台监控技术，可以得到消费者在前台活动时留下的所有情报数据。通过对这些数据的专业分析，就可以得出不同区域消费者的不同偏好取向，对产品的不同需求认知等这些对产品的设计生产以及广告营销有着实际指导意义的信息。根据这些信息及时调整产品策略，就可以最大限度地避免市场风险。

产品网站可以是介绍同品牌下的多个产品，也可以只是介绍单个产品（微网站），但通常不会出现多个品牌的产品出现在同一网站的情况，除非这个网站是第三方网站，如各种B2B或B2C*网站、各种电子杂志或论坛，或者是侧重于介绍其旗下的多个品牌的企业网站，而非主要介绍具体产品的产品网站。另外，为了推广产品或搜集目标用户相关数据资料的社会媒体网站也包括在内。

*B2B 为 bussiness to bussinesss 的英文缩写，意为商家对商家的商业服务，B2C 即 bussiness to custom，意为商家对个人的零售服务。

4）POP-Point of Purchase / 零售点广告
过去，我们常常认为在市场经济成熟的发达国家里，人们的消费是在理性指导下进行的。然而，最近的研究表明，大多数的消费都是在感性冲动下完成的。POP（图1-57至图1-59）则是在消费者付钱之前给他们制造消费冲动的关键。

POP的形式多样，不拘一格。它可以是变相的二维平面形式，也可以是完全的三维立体形式；它可以是收银台旁边一个小小的盒子，也可以是高档商场里的一个展示立柱；它可以只是简单的广告条幅，也可以是精心设计的引人注目的展台。但目的只有一个：制造消费冲动，促使消费者产生消费行为。

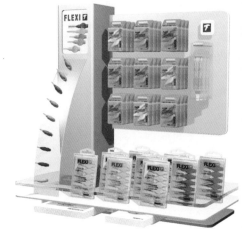

图1-57　牙缝刷零售点广告/Niels Kjeldsen/丹麦/2007

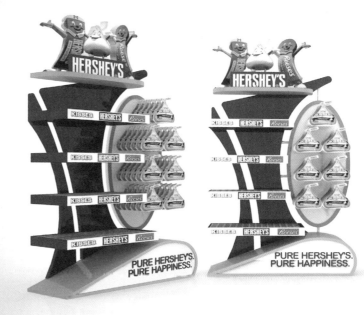

图1-58　货架式POP　　　　　图1-59　好时巧克力零售点广告/Gilbert M Pineda/丹麦/2012

店内招贴、吊牌横幅等都属于POP，本书将以立体POP为例，介绍零售点广告的一些基本特点。对于价格不高的产品，POP通常都兼有开放式货架的功能。这种POP的特点是能够带来冲动式消费的高发生率。台式POP适合体积较小、价值不大的产品。台式POP通常出现在收银台附近的位置，是商家利用消费者排队等候付款的时间进行产品推销的方法。排队等候是件非常无聊的事，人们虽然不能离开但总是不免东张西望，以打发时间。这个时候，研究触手可得的小产品就成了最好的消遣。因为旁边就是收银台，如果这时候产生消费冲动，人们很可能就会随手把产品放到收银台上去付款。体积较大产品的POP更适合于做成货架的形式。

面对那些价格相对昂贵的商品，人们的消费行为也会相应变得谨慎起来。消费者会希望在购买前可以亲身体验一下产品的性能，而这些产品的销售点也常常提供试用服务。与之前的货架式POP不同，这一类产品的POP更多是为了展示产品，可以说是安放在零售点的产品展台（图1-60、图1-61）。

电子时代的兴起使得POP都变得可以和消费者互动。电脑和电子触摸屏的加入给消费者带来了前所未有的视听感受以及零售点的广告体验。这种融合了声、光、动画、影视的多媒体互动POP当然更能吸引消费者的眼球，也更能引发消费冲动。

Wii 的 POP 就是这样一个集展示、试用和游戏站为一体的零售点广告。这个 POP 可以同时支持 2 名玩家试用。POP 中自带的液晶屏在平时就播放相关的产品信息，当有玩家试用时就会自动进入游戏模式。当玩家玩到高潮时，试用就会结束。抵御不了诱惑的玩家就只有乖乖付钱。游戏机和游戏可以说是互相依存的关系。所以，借用游戏机的多媒体展示同时推销游戏周边产品是多产品 POP 的最佳组合。

图1-60　Wii电子游戏机互动式POP/法国/2013

图1-61　INTENDO3DS掌上电子游戏机组合式POP/
法国/2013

5）会展展板

如果说POP是产品面对消费者的B2C展示，那么会展就是产品面对企业经销商的B2B展示，它所牵涉的商业合作动辄以万为计算单位。

典型的会展展位以3米乘以3米的空间范围为一个展位，参展的企业可以根据需要购买一个或多个展位。展板既可以像屏风一样，起到分隔不同参展商的作用，同时又可以利用其版面传达推广产品信息，并吸引参观者的注意，增加在展会中的人气。随着科技的发展，平板电子屏的使用在各大展会中出现得越来越频繁，但就目前而言，传统的展板依然是最经济实用的形式。如图1-62至图1-64所示。

6）设计报告

设计报告是整个工业设计流程中必不可少的最后一个环节。设计报告记录了从调查研究，确立设计目标到方案发散、草稿模型、实际试验、方案推敲、最终定稿整个设计项目进行的过程。可以说是一个产品设计方案从无到有的记录，也是一个产品诞生的见证。更重要的是，通过设计报告，人们才能真正理解产品设计的目的、理念和意义。对于学生来说，一些没有直接参与全程指导的老师只有通过设计报告才能看出该学生对课程理解的程度，对学生的学习效果作出判断。对于设计师来说，报告中所包含的产品背景的调查数据以及设计师的分析，

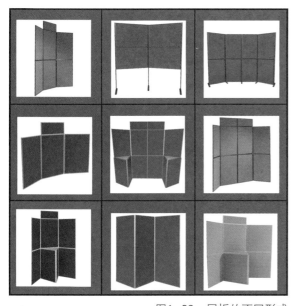

图1-62　展板的不同形式

图1-63　典型的单个展位

在典型的 3m×3m 空间单位的基础上，以不同的方式增加展位，可以演变出丰富的空间形态。相应地，展板的形式也非常丰富，并且在此基础上还可以变化出更多的形式。

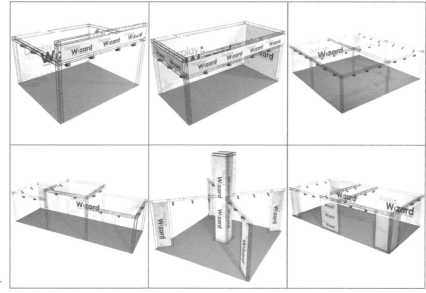

图1-64　多个展位的不同组合

对应的解决方案的基础依据都可以成为说服客户的重要证据，帮助客户作出选择决定。对于设计团队内部来说，无论是设计报告所记录的用户背景调查研究结果，还是产品方案创意设计的思考过程都是宝贵的一手资料，对今后的设计工作有着直接的参考价值。

与前面介绍的面对公众的视觉形式不同，设计报告相对私密，是不公开的。因此，设计报告的设计原则上并没有统一的规范，只要能够完整、准确地记录表达出设计背景和过程就可以了。当然，要准确、有序地表达出如此复杂的一个过程并不十分容易，视觉设计中的一些基本规律将在第二章中具体介绍。

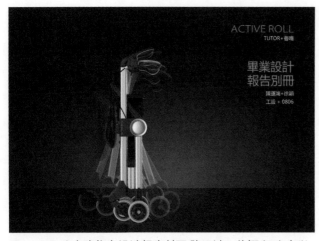

图1-65　助步购物车设计报告封面/陈运鸿，徐颖/江南大学设计学院2012届毕业生/2012

图1-66　电子砂锅设计报告封面/程永利，叶文劲/江南大学设计学院2012届毕业生/2012

图 1-65 至图 1-67 这三份设计报告的封面从设计手法到风格完全不同，甚至规格也不太一样。设计报告是在设计团队内部流通的信息资料，设计师完全可以按照自己的喜好来设计。尽管如此，设计报告的整体视觉风格还是应该与其内容——所设计的产品理念风格相呼应。如果报告内的产品设计理念是绿色自然、清净禅心，那么报告的风格就不适合设计成街头波普风。

图1-67　长途旅行自行车设计报告封面/孙超，胡凌月/江南大学设计学院2012届毕业生/2012

第二章
设计与实训

训练一：产品包装设计

设计案例： 1）企业作品案例："聪明小袋子"彪马运动鞋包装
2）学生作品案例：刻录光盘包装

课程案例： 美国辛辛那提大学工业设计包装课程

相关知识： 1）包装结构的合理性
2）包装中"必须"和"必要"
3）提升产品附加值

训练目的： 通过作业，使学生感性认识到产品包装与产品之间的关系以及包装对产品的意义。

作业要求： 结合具体产品特性以及市场背景，找出同类包装中的不足之处，制定出解决方案并以此为基础设计产品包装。

项目时间： 28课时 + 课外时间

相关作业： 1）收集并比较市场上不同造型的产品包装，分析设计理由。
2）收集并比较市场上相同造型不同结构的包装，分析设计理由。
3）收集并比较市场上同类产品包装，指出包装上哪些是此类产品的必须信息，哪些是必要信息。
4）收集并比较高附加值产品包装和低附加值产品包装，指出设计师是用了哪种方式来提升产品的附加值。

作业程序：

任务1：根据任课老师要求，选择一种熟悉的产品作为包装设计的对象，分析其产品属性特征及其消费使用习惯和环境。

任务2：通过对市场上同类产品包装进行比较，明确产品市场策略及包装所要承担的任务，并综合包装生产成本、工艺等综合条件，制定合理的增加产品附加值的策略。

任务3：根据任务2的结果，进行包装形态、结构的草图设计，同时考虑相应的包装材料和生产工艺的可行性。

任务4：针对产品的行业规定、销售对象和区域，了解相关的包装法，并以此为参考选择包装材料和生产工艺。了解该类产品销售包装上必须出现的信息。

任务5：从任务3的结果中选择一个方案进行草稿模型制作和测试，根据结果对方案进行调整。

任务6：结合任务4的信息进行包装平面视觉设计草图的创意，确定设计方案。

任务7：结合任务5和任务6的结果，制作最终模型／效果图以及应用效果。

设计案例

企业设计案例：可"持续"的包装

Clever Little Bag/ 聪明小袋子

设计单位：Fuseproject（美国）

客户：Puma.Ltd.

设计时间：2010年

所获奖项：the dieline Awards 2011/
The dieline 2011全球包装设计大奖赛全场大奖

从目前国际上的发展情况来看，设计的未来包括两个方面：可持续发展设计和人类中心设计（human centered design）。可持续发展是人类社会发展的必然方向，人类中心设计则是明确了设计的目的以及设计在人类社会发展中所扮演的角色。

PUMA（彪马）的"Celever Litter Bag"——"聪明的小袋子"可以说是可持续发展包装设计的一个典型例子，几乎涉及了可持续发展的三个概念部分的所有因素。

在外观形态上，彪马的这个红色鞋盒（图2-1）保持了经典的长方形，并没有太大的改变。但它却可以帮助彪马每年节约大约60%的能源。在实际应用中，这相当于节约了8500t纸、556万kW·h电、100万L机油和水。在运输过程中，由于少用了大概275t的塑料，50万L的汽油也被同时节省了*。无论是对彪马还是对我们的地球来说，这些数字都是令人高兴的。

* 来源于 Fuseproject 对外发布的相关数据。

图2-1　彪马运动鞋包装/Fuseproject/美国/2010

"聪明小袋子"的减量首先从它的组成部分开始。传统的鞋子包装通常由三部分组成。包裹鞋子的衬纸——以防鞋子在运输过程中鞋面擦伤，装鞋子的盒子和便于携带的购物袋。彪马的"聪明的小袋子""进化"掉了衬纸部分，只剩下盒子和袋子两部分。它巧妙的结构设计利用了一片再生瓦楞纸隔开鞋子，就很好地解决了鞋面擦伤的问题。一般的鞋盒都有主体和盖子（上下盖式或摇盖式）（图2-2、图2-3）或者内盒和外盒（抽屉式）（图2-4）两个部分，"聪明小袋子"是抽屉式结构，但却只有内盒一个部分，因为它的外盒"进化"成了"聪明的袋子"，与购物袋合二为一了（图2-5）。

然后是结构上实现的减量。以"聪明小袋子"的抽屉式结构中的内盒为例。传统的鞋盒分为裱糊型和折叠型两种。裱糊型鞋盒由内衬和外裱纸构成，靠外裱纸连接各个面成盒。两者用材加起来相当于盒子表面积的三倍左右。折叠型鞋盒依靠卡纸折叠后利用结构互相锁定或卡住，从而成盒。这种结构的展开面积一般接近表面积的两倍。"聪明小袋子"从它的成盒方式来看属于折叠式盒子，但它改进了的结构使它的展开面积只是略大于盒子表面积（图2-6），再次成功"减量"。盒子的顶部位置设计了卡槽和一个圆洞，因为比起普通袋子的两个拎手，它的"外盒"——那个"聪明的袋子"只有一个提手。把这个提手卡入洞中就很好地解决了袋子的平衡性。单

图2-2　摇盖式鞋类包装和包鞋衬纸

图2-3　上下盖式鞋类包装和购物袋

图2-4　抽屉式鞋类包装

图2-5　彪马运动鞋包装/Fuseproject/美国/2010

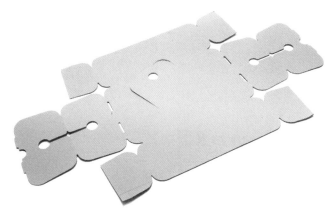

图2-6 彪马运动鞋包装内盒展开图/Fuseproject/美国/2010

图2-7 彪马运动鞋包装整体/Fuseproject/美国/2010

独使用袋子的时候可以把提手穿过相对应位置的开口中，既可以平衡袋子，又可以起到关闭袋子的作用（图2-7、图2-8）。

水、电、机油等的节省则是由于这个设计简化了盒子的生产过程——只需模切一道工序。必要的产品信息如鞋子的型号、尺寸、条形码等都单色印在一小条不干胶上。这样既减少了印刷所需的生产消耗，又可以使没有印刷的鞋盒快速进入再生的循环过程。这个盒子良好的结构设计，也使得彪马公司可以以展开的形态运送盒子，然后在使用地快速成盒。"平板"运输可以节约大量的运输空间，为彪马公司节约运输成本，简单快速成盒则节约了人工成本。

作为一个可持续发展包装的范例，其包装材料必须符合环保要求。彪马鞋盒的纸质部分使用了再生瓦楞纸，袋子部分则使用了可自然快速分解的无纺布。但是，从用户端的角度来看，如果这个包装只是使用了环保材料，可以快速进入再生链，那它也只不过是个符合环保主题的"绿色包装"而已，而称不上是完整意义上的"可持续发展包装"。

图2-8 彪马运动鞋包装外袋/Fuseproject/美国/2010

"聪明小袋子"的聪明之处不在于节约了60％的能源，而在于它不仅是个鞋盒，而且还功能百变，在你需要时随时随地"聪明"地出现在你身边：它可以陪你出去买菜，可以陪你出门踏青，可以让你不用下床就能拿到喜欢的书，甚至一下子找不到花盆，它也可以充当替身。只要你需要，生活中它就可以无处不在。普通的鞋盒在到达用户家里之后通常都早早地进入了垃圾箱，"聪明小袋子"却可以一直陪在你身边，直到它自然老化。渐渐地，你就慢慢习惯了带着袋子去买菜，而不是使用塑料袋；习惯了东西的创意用法；习惯了把东西留的更久一点，当然也习惯了彪马的猎豹标志。不知不觉中，这个小袋子就改变了人们的习惯，并且推广了彪马的企业文化（图2-9至图2-13）。

图2-9 彪马外袋——购物/彪马/美国/2010

图2-10　彪马外袋——出游/彪马/美国/2010　　　　图2-11　彪马外袋——床
头袋/2010　　　　图2-12　彪马外袋——花盆/
2010

第二章　设计与实训

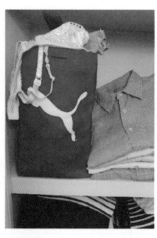

图2-13　彪马外袋——生活种种/彪马/美国/2010

就如它的设计者 Fuseproject公司所说，"我们想让我们的新设计和全面的解决方案去鼓励其他的零售商也跟随这条路（可持续发展）"。通过设计影响人们的社会行为、生活方式，最终影响思维认知，从而推动社会进步才是可持续发展设计最重要的意义。企业的参与无疑会加速可持续发展设计的推广和可持续发展的进程。启发和说服企业使用可持续发展设计方案则是设计师的使命和职责。

学生作业实例：从发现到解决

CD Burn Kid/ 可读写光盘

设计学生：叶怡均/中国台湾
指导老师：Scott Boylston 教授
曾读院校：Savannah College of Art and Design，USA/
美国萨凡纳艺术与设计学院
设计时间：2006年

本文原著：叶怡均
毕业于美国萨凡纳艺术与设计学院平面
设计系。目前在台湾担任平面设计师的
工作，主要负责包装设计和 CIS 规划。

在前期的设计调研中发现大多数人在刻录完光盘后都会用马克笔在光盘的空白可写面书写记录光盘内容，然后装入保护封套以确保光盘不受损伤。在这一系列的使用行为中，所涉及的产品除了可读写光盘之外，还有马克笔和光盘保护封套。传统的塑料圆筒包装除了良好的保护性之外，既不便于运输、收纳，视觉上也不是非常美观。并且，由于传统的包装没有功能延展，光盘用完之后包装就会被丢弃，其不环保的包装材料会给环境造成污染。

新包装的目标消费群定位在15~25岁的年轻一族。包装的功能定位为：使用方便迅速，具有多次反复使用的价值以及充满乐趣的使用体验。希望借由"使用的乐趣"吸引目标消费群的目光，并乐于使用该包装的产品，最终成为该产品的忠实消费者。

最开始考虑的问题是如何将可读写光盘、光盘保护封套和马克笔这三个产品结合起来，因为这三个产品的形状、大小、体积都不一样。最初的设计只是简单地将三个产品装在一个立方体的盒子里（图2-14、图2-15），并在四面开窗，以方便用户使用。但这个结构的最大问题是大量的空间浪费。因为产品只是分布在包装的四个面上，立方体的中间部分完全利用不到。包装空间浪费的直接结果是运输和储存成本的浪费和增加。

要解决空间浪费的问题，就必须改进包装的结构。如果把结构A（图2-16）改成结构B（图2-17），空间问题迎刃而解了，但随之而来的是方便取用产品的问题。研究过程中，发现了一种带旋转手臂的儿童玩具积木。这种积木通过活动手臂的连接，可以自由变换造型。如果这个可读写光盘的包装也可以自由变换外形的话，就可以解决使用方便的问题。于是，结构C（图2-18）就取代了结构B。

在基本确定包装的整体结构方案后，我就着手开始思考一些更具体的问题，例如产品的组合方式（图2-19）。

训练一：产品包装设计

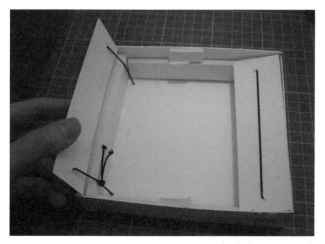

图2-14 最初方案的打开方式

图2-15 最初方案

上视图	立体图	侧视图	立体图	上视图	立体图

图2-16 结构A   图2-17 结构B   图2-18 结构C

包装的容量为20片光盘，20个封套再加2支马克笔；结构上这个包装分为3个相对独立的单位。考虑到封套的厚度较薄，而光盘的面积相对较小，因此设计为10片光盘加1支马克笔为一组包装，共2组；20个封套另为一组。

当这个方案的第一次草稿模型出来后，其效果并不是非常理想。三个纸盒堆叠的形式看起来有点像是三层珠宝盒（图2-20），视觉形式上不太美观，对产品的展示效果也不好（图2-21、图2-22）。虽然结构新颖有趣，但总是缺少了些令人惊喜的元素。我所期待的是有良好展示效果的包装，可以从包装的任何角度来展示产品。经过反复观察，我发现每个单位盒子的底面事实上形成了视觉阻碍，干扰了包装的多角度展示（图2-23）。我设想如果把这个干扰的元素去掉的话，整个盒子由盒变框，三层透视相叠将会呈现出一种非常特别的视觉效果，展示效果会好得多。虽然这样一来如果装载固定产品会成为新的问题，但我还是想试试看，希望可以做出那种惊艳的效果（图2-24）。

改变了传统的盒式结构后，最大的问题就是装载产品。如果这个问题不能很好地解决，那么这个包装就不能成立。为此，我结合产品的实际重量体积，反复试验，尝试不同的方式。在这个过程中，同时改进了单位包装间的连接方式（图2-25至图2-28）。

最后发现，利用特定形状的PET弹片的弹性，可以承受10片光盘的重量，在成功固定住产品的同时还可以经由手指轻推的动作轻松取出产品。这样，只要将PET弹片以对角形式固定在框的四角，就可以解决这个包装的装载定位的问题（图2-29）。

图2-19 组合方式

图2-20 组合方式

图2-21 组合方式

图2-22 组合方式

图2-23 组合方式

图2-24 组合方式

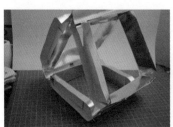
图2-25 组合方式

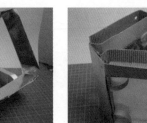
图2-26 组合方式

图2-27 组合方式

图2-28 组合方式

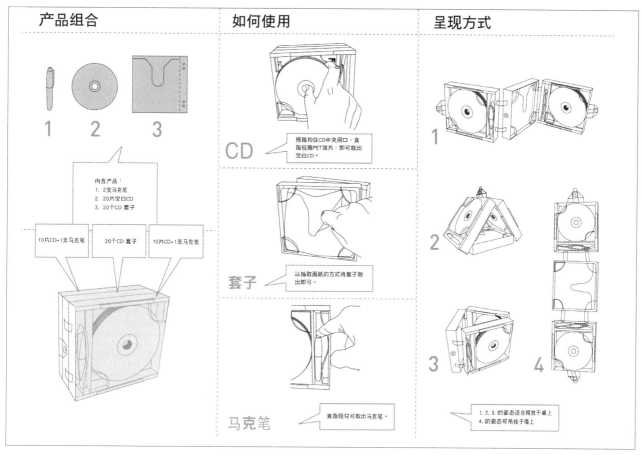

产品组合	如何使用	呈现方式

产品组合

1　2

3

内含产品：
1. 2支马克笔
2. 20片空白CD
3. 20个CD 套子

10片CD+1支马克笔　　20个CD 套子　　10片CD+1支马克笔

如何使用

CD　把拇指扣住CD中央洞口，食指轻推PET弹片，即可取出空白CD。

套子　以抽取面纸的方式将套子取出即可。

马克笔　食指轻勾可取出马克笔。

呈现方式

1　2　3　4

1. 2. 3. 的姿态适合摆放于桌上
4. 的姿态可吊挂于墙上

图2-29　最终方案

考虑到包装最终的回收再生，选用了纸板作为主体包装材料。框与框之间的连接件要被多次反复地任意扭折，必须要有良好的韧性，因此决定使用PET材料。

最后我在主体包装外加上了一个纸质封套，一方面，加强对产品的保护性，使主体包装的闭合更稳定，防止意外打开；另一方面，承载所有必要的产品相关信息。为了配合年轻一族的目标定位，平面视觉上用了鲜艳活泼、对比强烈的色彩以及图形化的表现手法，来体现动感、休闲又有趣的风格（图2-30至图2-34）。

这个是早期研究生时期的作业。在当时做这个项目的时候，虽然每一个步骤、每一次草稿模型出来，都会产生和发现新的问题，需要去解决，但还是很喜欢不断面临新挑战的感觉，并且也很享受思考解决问题的这个过程。我想，作为设计师不应该只是在想象中设计作品，仅仅把目光停留在最终的形式效果上，而是应该在模拟的实际使用环境中，仔细观察，反复思考终端用户的实际需求，并在这个过程中不断解决所出现的问题，改进不合理或不完美的地方。

从现在的角度来看，这个包装练习作业的制作过程相对过于复杂，在实际生产上会遇到问题，并且就原有的材料结构方式来说不适宜工业化批量生产。但设计本身就是解决问题的过程。实行量产化只不过是整个设计过程中需要解决的另一个问题罢了。

图2-30　纸质封套

图2-31　最终结果

图2-32　最终结果

图2-33　最终结果

图2-34　最终结果

包装设计教学案例：美国辛辛那提大学设计/建筑/艺术/规划学院工业设计包装教学流程

Packaging Design Makes Good— an Industrial Design-driven approach
包装设计使生活更好——以工业设计为主导的方法
Peter Chamberlain/彼得·张伯伦

Peter Chamberlain is an Assistant Professor of Industrial Design and a graduate of the Master of Fine Art program at the University of Cincinnati, College of DAAP. He also holds a degree in Design from the Graduate School at Chiba University, located just outside of Tokyo, Japan. He has worked in the rapid prototyping and design industry in both Japan and the United States. His continued international experience has been formative in developing a body of research that considers the unique role that culture plays in the emotional appreciation of everyday products, packaging, and experiences. Through his experience teaching in the Live Well Collaborative studios at the University of Cincinnati, he has worked extensively with its corporate members, guiding interdisciplinary collaborative student teams as they tackle complex and crosscutting packaging design problems with unique user centered solutions.

彼得·张伯伦是美国辛辛那提大学 DAAP 学院的工业设计助理教授，拥有辛辛那提大学艺术硕士和日本千叶大学设计学硕士学位。曾在日本和美国的快速样品制作和设计行业工作。长期的国际经验使他在发展其研究体系时形成了自己独特的方法，即结合文化对日常用品、包装和生活经验的感性价值认同上所起到的独特作用。通过在辛辛那提大学"健康生活"协作工作室的教学，他曾与其企业会员进行过广泛的合作，指导多学科协作的学生团队，用独特的用户中心解决方案最终处理复杂交错的包装设计问题。

The field of Industrial design is a far-reaching and highly important area that in some way touches the lives of everyone on the planet. The products that Industrial designers create play roles in the experiences that comprise our everyday lives, making these products significant facilitators of those experiences.

To design any product successfully, a multitude of important considerations must be orchestrated into a symphony that sounds good, feels good, and IS good for its intended target user (s) . Even though it is not the industrial designer who feeds material into the manufacturing machine, markets the product to the public, or deals with the product at the end of its useful life, he or she must be aware of the circumstances and reality, which surround these moments.

It is not easy to arrive upon solid understanding, and make thoughtful and sometimes difficult decisions necessary to create optimal design. The general approach that most industrial designers would use to accomplish this would consist of a process with the following six phases: Understanding, Synthesis, Validation, Refinement, Finalization, and Documentation and Presentation. The desired result of employing such a process is that products can be conceived which are appropriate, work well, are easy to understand and use, and are environmentally responsible.

Judging the relative "goodness" of a design is a bit tricky, however the Japan Institute of Design Promotion (JDP) has done just that with its Good Design Award, and associated "G" mark. The award campaign seeks to brighten and enrich society through design and makes no distinction between traditional industrial designed products, packaging design, or any other design when they say the following:

"This has been a program advancing lifestyle and

工业设计领域是一个影响深远和非常重要的区域，在某种程度上触及了生活在这个星球上的每个人。工业设计师设计的产品在我们日常生活的体验中发挥着作用，设计制作这些产品显著地便利了我们的生活。

要成功设计任何产品，大量的重要考虑因素必须被精心谱写成一首不仅听起来不错，而且感觉也很好，最重要的是对目标用户来说确实也非常好的交响乐。尽管工业设计师不需要去把原材料放进生产机器，也不需要去向公众推销产品或者在产品使用寿命终止的时候去处理它，但他或她必须要知道产品在围绕这些时候的现实情况。

要做到有扎实的理解和为了创造完美的设计，把周全的，有时可能是艰难的决定变成必要并不容易。为了做到这两点，大多数工业设计师会使用包括以下六个阶段的常用流程：理解、整合、验证、推敲、定稿，以及纪录和演示。而采用这种流程的最理想的结果就是孕育出适当、做工精良、容易理解和使用并且对环境负责的产品。

判断一个设计相对的"好"确实有点棘手，然而日本设计振兴研究所凭借其"优良设计大奖赛"和相关的"G"标记已经做到了这一点。颁奖活动旨在通过设计使社会变得更美好、更丰富，消除传统的工业设计产品、包装设计或任何设计之间的差别。他们说：

"通过选择优秀的设计，这已经成为一项推进生活方式和工业活动的项目。我们有很多方法来提高生活品质和推动工业发展，但唯有设计才能同时实现这两个目标。设计连接了工业和个人生活，创立了一个良性循环，从而建造出一个繁荣的社会。设计所具有的描绘不久将来蓝图的能力

训练一：产品包装设计

industrial activity by selecting outstanding design. There are a variety of ways of raising lifestyle and advancing industry, but only design is able to achieve both of these goals at the same time. Design links industry and private lives, and creates a virtuous cycle to build a prosperous society. Design's ability to paint a picture of our near future is first embraced by the public. If design can pick up on the public's will and present specific measures to earn its support, design will be able to play a major role in moving society forward. The Good Design Awards is a social tool to generate the virtuous cycle described above."

Industrial designers have been using the multi-phase, user-centered process for quite some time to create products. It is obvious that the same process and associated methods are highly effective in developing superior product packaging design solutions. The creation of effectual product packaging would certainly fit the Good Design Awards' definition of simultaneously advancing lifestyle and industry. In fact, it is entirely reasonable to suggest that a product and its packaging should be conceived and created alongside one another. The following phases and images illustrate the industrial design process and associated methods applied to packaging design taught in a course at the University of Cincinnati entitled "Package=Product". It is an overview of the Industrial design process to create effective and responsible product packaging with an emphasis on integrating "product" and "package" to provide increased value across the product packaging spectrum. Students were asked specifically to satisfy the following considerations:

—Shipping protection

—In-store presence and appeal

—Added usefulness for the end user

—Accessibility and affordance

—Sustainability

The design process is one of divergence—pulling back

首先得到了公众的认可。如果设计能够倾听公众的愿望并以具体措施来赢得支持，那么设计将会在推动社会发展中扮演重要的角色。'优良设计大奖赛'是用来生成上面所描述的这个良性循环的社会工具。"

在相当长的时间里，工业设计师一直在使用多环节的、以用户为中心的流程来创造产品。很显然，同样的流程和相关的方法在开发优越的产品包装设计解决方案时也是高度有效的。创造行之有效的产品包装理所当然地符合"优良设计大奖赛"同时推进生活方式和工业发展的定义。事实上，我们完全有理由建议一个产品和其包装应该被看作是彼此依赖的关系，并在这种关系的基础上进行设计创造。下面的几个流程和图片说明了在美国辛辛那提大学所教授的题为"包装=产品"的包装设计课程中所用到的产品设计的流程和相关的方法。这是个工业设计流程的概述。这个流程以融合"产品"和"包装"为重点，以设计创造有效负责的产品包装来提升整个产品包装工业链中的价值。学生们被特别要求要满足以下的几个方面的因素：

——运输中的保护性

——店内的展示性和吸引力

——为终端用户增加使用价值

——辅助功能和信息提示

——可持续性

这是一个由发散到集中的过程——从最初定义的具体设计问题退出来，以广阔的视角和发散性的思维来研究整个项目，然后再回到原来的问题上。这个时候，在这一思维聚集的过程中所得到的关键性见解就会成为找到新的解决方案的跳板。因为推敲是在学习如何验证的基础上进行的，所以就会产生一个"做方案"、"检查方案"和"调整方案"的这样一个周而复始

from the originally defined specific design problem, to convergence——the narrowing process of homing in on key insights that can serve as springboards to new solutions. As refinement based on learning from validation is performed, a repetitive iterative cycle of "doing", "checking", and "adjusting" occurs (Fig. 1).

Understanding

Any truly effective design concept stands on a firm foundation of insights gained through research. Understanding the wants and needs of a target user group, expressions of brand equity, and manufacturability can, in the end, bring about an effective design concept. Research never really stops in the design process. It can run in the background, and there is no good reason to ignore an important or interesting insight because one has already begun sketching and validating earlier concepts.

Research should begin broadly to form a base understanding of product category and brand history, and lifestyles of target users. Upon defining a specific problem statement —which may have changed from the original goal in the project brief— a tighter approach that isolates key issues and questions can be employed (Table 1). Design research is a highly qualitative process that seeks to understand and strives to provide a starting point for the conceptualization of new solutions to a given design problem in the Synthesis phase.

的循环（图2-35）。

理解

任何真正有效的设计概念都是建立在透彻理解前期研究的坚实基础上的。对目标用户群的愿望和需求、产品品牌价值的体现以及实际生产能力的理解能最终带来一个有效的设计概念。在设计的过程中，研究从来都没有真正停止过。它可以在幕后进行。我们没有理由仅仅因为已经开始为了实现一个先前的概念而绘制草图就去忽视另一个重要或者有趣的想法。研究应该要宽泛，从而可以对产品类别、品牌历史和目标用户的生活方式有个基本的理解。当定义一个具体问题的陈述时——有可能和项目简介里的原始目标有所不同——可以使用一个隔离了关键性主题和问题的更为严谨的方法（表2-1）。设计研究是一个高度质量化的过程，它力求理解，并且为了形成新解决方案的概念，而努力给在整合阶段的一个既定设计问题提供一个起始点。

训练一：产品包装设计

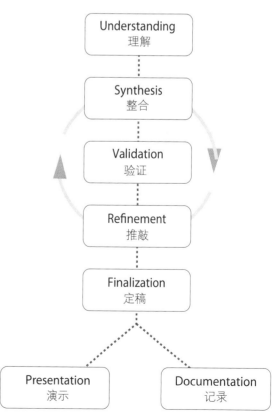

Fig.1 Typical process of an industrial designer
图2-35 工业设计师的典型流程

Table 1 / 表2-1

Understanding Sub-Phases, and Methods / "理解"的副环节和方法				
Broad/ 面			Purpose / 目的	Output / 结果
State of the Art analysis —competitive and non-competitive benchmarking 艺术分析的状态——竞争和非竞争性的标准比较	Brand history and equity survey 品牌历史和市值的调查	User lifestyle and trends analysis 用户生活方式和发展趋势分析	To "steep" oneself in the project space and form opportunity hypotheses 把自己沉浸在该项目中并形成机会假设	Broader understanding of project variables Redefined problem space 广泛理解项目中变动的因素 重新定义问题部分
Tight / 点			Purpose / 目的	Output / 结果
Face-to-face interviews 面对面的访谈	Shop-along observations and home visits 沿店铺观察和家庭访问	Task analysis 任务分析	To confirm or dispel hypotheses formed through broad research 确认或否定在宽泛研究中形成的假说	Specific design goals defined 定义具体设计目标

Fig.2　Research sub-phases of memory stick packaging project — designer Colin Curry.*
学生项目之研究／优盘包装／设计者：科林·卡利

图2-36　研究环节之竞争对手

图2-37　研究环节之生活方式

图2-38　研究环节之人的因素

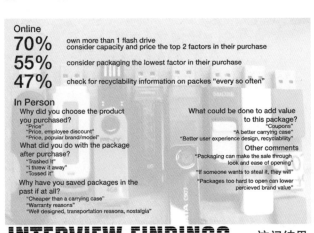

图2-39　研究环节之访问结果

在线调查：

70%　的受访者拥有1个以上的优盘，
　　　优盘的容量和价格是影响购买的主要因素
55%　的受访者表示包装是影响购买的最次因素
47%　的受访者表示会"经常"查看包装上的回收信息
面对面访谈：
你为什么选择你所购买的这个产品？
"价格"
"价格，商家减价"
"价格，流行的品牌／款式"
买了产品后怎么处理包装？
"放到垃圾筒里"
"把它扔掉"

"丢掉"
你为什么保留包装（如果有的话）？
"比专用的盒子便宜"
"保修方便"
"设计得很好，方便携带，恋旧"
什么可以增加包装的价值？
"优惠券"
"比专门的储存盒好用"
"更好的使用体验设计，可回收"
其他建议
"通过改善外观和方便使用，包装可以促销"
"如果有人想偷，就会很容易被偷走"
"如果包装很难打开就会降低那个品牌的价值"

Synthesis

With a defined problem statement and a set of design goals, the designer must set out on an exploration. The list of design goals should direct all efforts as 2D sketches and quick 3D informal models are created. Having a list of these goals literally written out on the table helps make sure that the exploration stays on track. While activities such as materials exploration can also occur in this phase, there are generally two main sub-phases:

— Quick and rough thumbnails and "ideation" sketches — these quick "captures" of ideas can be gestural and minimal. The idea is to visualize a large volume of ideas.

— Developmental sketches (2D and 3D) — these more formal expressions of ideas, provide more detail about the way that products and packaging behave. As 3D sketches progress, the materiality of physical models should be increasingly similar to the actual intended material in the concept.

By the end of the Synthesis phase, ideas are translated to visualizations, which are in line with defined design goals, and initial concepts are formed.

整合

有了明确的问题概述以及一系列的设计目标，设计师就必须开始进行探索。设计目标列表应该指导例如二维平面草图和三维快速非正式模型的所有创意工作。把设计目标列表实际写下来并放在工作台上可以确保我们看到探索的每一步进程。虽然像材料探索这样的活动也可以在这个阶段进行，但一般来说，它主要有两个环节：

——快速大致地构思和描绘出草图——这些快速的灵感"捕捉"可以是示意性的和缩略性的，目的是要把大量的想法视觉化。

——深化草图（二维和三维）——这些相对正式的表现手法可以提供关于产品和包装表现方式的更多细节。随着三维草图的进展，物理模型的质感也应该越来越接近于概念中所预设的实际材料。

在整合的最后阶段，所有的想法都转化为视觉形式，并且与定义的设计目标保持一致，然后初步的概念就形成了（图2-36至图2-43）。

Fig.3 Synthesis phase examples for Tesla branded perfume primary and secondary packaging student project — designer Jeff Brown.*
学生项目之整合／苔丝拉香水包装／设计者：杰夫·布朗

Focusing Down

158 Form Studies 3 areas of inspiration

1.The form and movement of the Model S
2.Nature's fluidity and grace
3.The idea of 21st century Romance

Narrowed down to 15

After small group critiques, a concensus was not reached. However, the ornate were rejected and a visual representation of how subjective perfume may be.

第二章 设计与实训

筛选

来自于 3 个灵感范围的 158 个形式研究

1.S 形的外形和动态
2. 自然的流动和优雅
3.21 世纪的浪漫概念

筛选出 15 个

小组讨论后没有最终得到统一的共识。然而，一些华丽的装饰被去掉了，香水的主观性被最大限度地以视觉形式重新表现出来。

图2-40 整合环节之筛选

方向：质感

Direction 1: The Tangible

图2-41 整合环节之方向

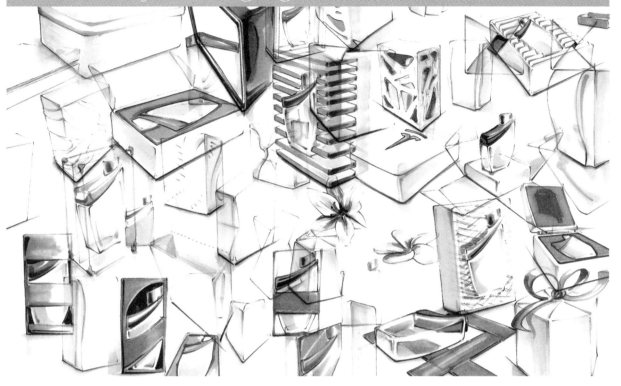

Secondary Packaging

图2-42 整合环节之外包装

外包装盒

Secondary Packaging

图2-43 整合环节之外包装

Validation

The Validation phase is where designers stand to learn a lot from users. Objective analysis employed while conducting task analyses and "shop-along" observations helps the designer know what is working or not working with a concept. In addition to being a good listener, a designer must empathize with a user to see the situation "through their eyes". When this happens effectively, necessary changes in a design become quite obvious. The following methods can help a designer understand what changes are needed or sometimes even fundamentally reframe a concept:

— Surveys to reflect acceptance of a concept

— Hands-on testing with users

— Materials and manufacturing review

验证

在验证阶段，设计师要从用户那儿学很多东西。在进行任务分析和"沿店铺"观察的同时做出客观的分析，可以帮助设计师认识到在一个概念中哪些是行得通的，哪些又是行不通的。除了做个好听众之外，设计师还必须能够设身处地理解用户，"通过他们的眼睛"来看待情况（图2-44至图2-47）。当我们很好地做到这些后，设计中必要的修改就会变得十分明显了。下面的这些方法可以帮助设计师理解哪些修改是需要的，甚至有时能从根本上重构一个概念：

——通过调查反映一个概念的被接纳性

——和用户一起着手进行测试

——回顾材料和制造

Fig.4　Validation of student project for packaging that makes cottage cheese more appealing to consumers — designer Joel Vanboening.*
学生项目之验证／使"可它"奶酪更吸引消费者的包装／设计者：琼·樊博宁

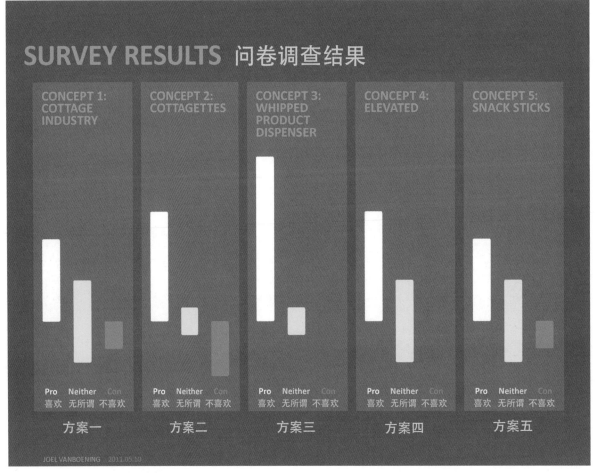

图2-44　验证环节之问卷调查

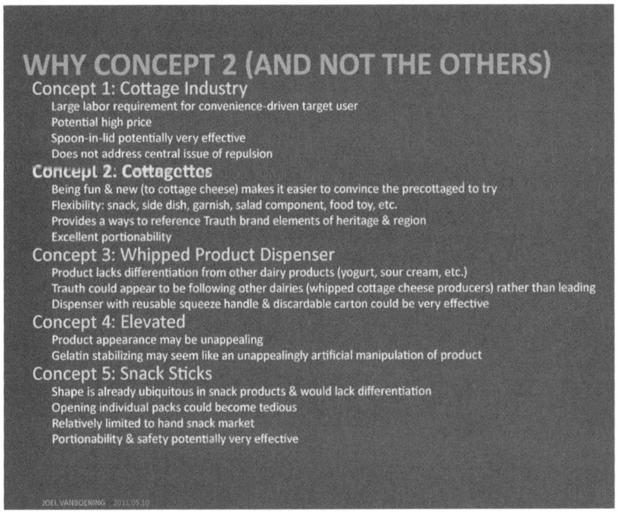

为什么是方案 2（而不是其他的）

方案 1：
为吸引目标消费群中的"方便控"需要大量的人力劳动
有卖高价的潜力
附带勺子的盖子非常有效
不涉及某些恶心的中心主题

方案 2：
新鲜有趣的外形更容易吸引潜在消费者来尝试
能够适应多种场合：零食、配菜、食品点缀、沙拉配料、玩具食品等
会让人把 Trauch 的品牌元素和当地的历史遗产联系起来
可以很好地被分量

方案 3：
与其他奶制品的差异性小（如酸奶等）
可能会让人觉得 Trauch 品牌是在跟随其他奶制品品牌而不是在引领
纸盒包装和可以多次使用的带手柄的分配器可能会有良好的效果

方案 4.
产品外观可能不太吸引人
明胶状的稳定性可能会让产品看起来像不受欢迎的人工奶酪而非真正的奶酪

方案 5：产品外形在零食中已经很普遍了，可能会缺乏不同点
打开单个包装的过程可能会让人觉得烦琐
产品市场可能会受限于零食市场
安全性和分量性有潜力变得很有效果

图2-45　验证环节之概念反思

训练一：产品包装设计

WHY CONCEPT 2 (AND NOT THE OTHERS)

Concept 1: Cottage Industry
Large labor requirement for convenience-driven target user
Potential high price
Spoon-in-lid potentially very effective
Does not address central issue of repulsion

Concept 2: Cottagettes
Being fun & new (to cottage cheese) makes it easier to convince the precottaged to try
Flexibility: snack, side dish, garnish, salad component, food toy, etc.
Provides a ways to reference Trauth brand elements of heritage & region
Excellent portionability

Concept 3: Whipped Product Dispenser
Product lacks differentiation from other dairy products (yogurt, sour cream, etc.)
Trauth could appear to be following other dairies (whipped cottage cheese producers) rather than leading
Dispenser with reusable squeeze handle & discardable carton could be very effective

Concept 4: Elevated
Product appearance may be unappealing
Gelatin stabilizing may seem like an unappealingly artificial manipulation of product

Concept 5: Snack Sticks
Shape is already ubiquitous in snack products & would lack differentiation
Opening individual packs could become tedious
Relatively limited to hand snack market
Portionability & safety potentially very effective

JOEL VANBOENING　2011.05.10

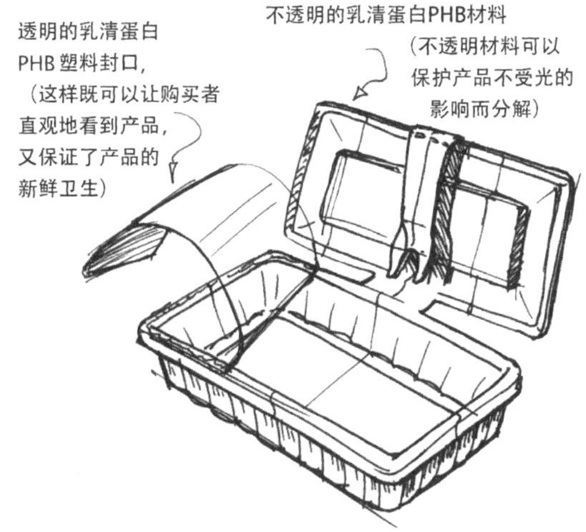

透明的乳清蛋白
PHB塑料封口，
（这样既可以让购买者
直观地看到产品，
又保证了产品的
新鲜卫生）

不透明的乳清蛋白PHB材料
（不透明材料可以
保护产品不受光的
影响而分解）

图2-46　验证环节之概念深化

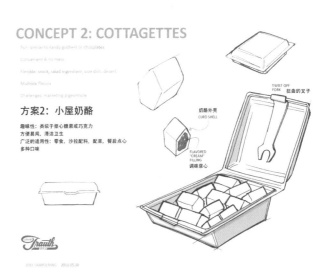

CONCEPT 2: COTTAGETTES

Fun: similar to candy gushers or chocolates
Convenient & no mess
Flexible: snack, salad ingredient, side dish, dessert
Multiple flavors
Challenges marketing pigeonhole

方案2：小屋奶酪

趣味性：类似于爆心糖果或巧克力
方便易用，清洁卫生
广泛的适用性：零食，沙拉配料，配菜，餐后点心
多种口味

TWIST OFF
FORK　扭曲的叉子

奶酪外壳
CURD SHELL

FLAVORED
"CREAM"
FILLING
调味浆心

JOEL VANBOENING　2011.05.10

图2-47　验证环节之概念确定

Refinement

推敲

Iterative improvement of design concepts occurs in the Refinement phase. After a number of versions of a concept are checked and improved, a "go or no-go" point is reached where a front-running concept or concepts must be selected to move forward. The Validation, Refinement, and Synthesis stages work in sequence to arrive at that point.

设计概念更新换代式的发展发生在推敲阶段。在检查和改进了一系列不同的概念后，就到了一个"去或留"的问题点上，这时候就必须选择要进一步发展的设计概念。验证、推敲和整合这些阶段依次进行才能到达那一点上（图2-48至图2-51）。

Fig.5　Refinement of student project for golf ball packaging with integrated cleaning brush — designer Matt Keller.*
学生项目之推敲／融合了清洁刷的高尔夫球包装／设计者：马特·科勒

第二章　设计与实训

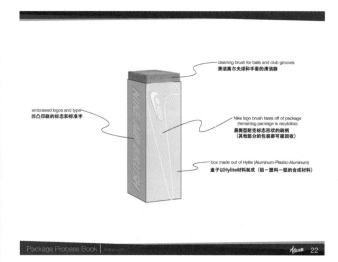

图2-48　推敲环节之包装细节

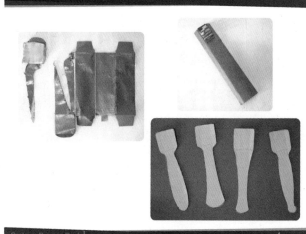

图2-49　推敲环节之结构推敲

图2-50　推敲环节之视觉推敲

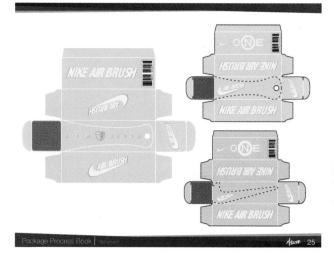

图2-51　推敲环节之整体推敲

Finalization

Once all changes have been completed, final packaging design concepts are "locked in" to their final versions. At this point all considerations regarding user interaction, performance of materials, communication through visual elements, and overall effectiveness have been thoroughly satisfied.

定稿

一旦完成了所有的修改，最终的包装设计概念就被锁定到的最终版本上。至此，对用户交互、材料性能、视觉传达以及整体效益，所有的这些方面都应该彻底满意了（图2-52至图2-55）。

Fig.6　Finalization of student project for Starbucks packaging with integrated news communication — designer Katie Polenick.*
学生项目之定稿／融合了新闻传播功能的星巴克包装／设计者：凯特·波妮可

图2-52　定稿环节之功能设定之一

图2-53　定稿环节之功能设定之二

这个特殊的杯套里装了一份报纸和一杯咖啡。消费者可以在咖啡店读报，也可以把报纸带走。这个系统中还包含了一个可重复粘贴的标签。标签可以被贴在杯套上，也可以贴在报纸上。不同位置的咖啡店提供不同的报纸。当标签被撕下来后，通过反面的登录密码，可以在 24 小时内任何地点登录星巴克数码网络。

图2-54　定稿环节之细节展示

图2-55　定稿环节之最终效果

Documentation and Presentation

Students are required to document their entire project from beginning to end to provide a detailed account of exploration, development, and final concept imagery. In addition they are required to make a verbal presentation of their final concept, complete with fully functional prototype concept models and presentation boards. Energetic and compelling final presentations must be made, as this helps others get excited about the promise of the new concept.

过程记录和演示

我们要求学生记录他们的整个项目过程，从开始到结束，从而可以提供一个详细的关于探索、发展到最终概念视觉化的报告。此外，他们还要为最终的概念做一个演示性演讲，并且要有功能完整的原型概念模型和演示板（图2-56至图2-58）。充满活力和令人信服的最终陈述是必需的，因为它可以调动其他人的情绪，使他们对新方案的概念所做出的承诺感到激动兴奋。

第二章 设计与实训

Fig.7　Final presentation of student packaging design concept and presentation board — designer Colin Curry. *
学生包装设计概念的最终演讲和演示板／设计者：科林·卡利*

图2-56　演示环节之演示版面

图2-57　演示环节之学生演讲

In a world where factors such as sustainability, globalization, and aging societies persist, a packaging design solution must be optimal. There truly is less tolerance for hastily designed and executed packaging which are not appropriate, do not work well, are difficult to understand and use, and are environmentally irresponsible. Through the above phases an industrial designer or multidisciplinary team can soundly cover the very important considerations that will make for an effective, responsible, and easy to use product packaging design. The phases and sub-phases can be adapted to both individual and group projects within Industrial Design education, and can translate easily from the university classroom to the design consultancy or corporate design department.

* All packaging design concept imagery is of student projects conducted within university coursework. These concepts do not represent actual product packaging by the respected brands, and should be considered theoretical in nature.

在一个充满了可持续发展、全球化和社会老龄化的世界里，一个包装设计方案必须是最优化的。对于草草设计和制作出来的包装已经真的不太能容忍了。这种包装通常设计不合理、做工粗糙、难以理解和使用，并且对环境不负责任。通过上面的这些步骤，一个工业设计师或者一个跨学科团队可以完全照顾到那些对一个有效的、负责的、便于使用的产品包装设计来说非常重要的考虑因素。这些步骤和子步骤既适合于工业设计教育中的独立项目和团体项目，也可以很容易地从大学课堂上被转化到设计顾问公司或者企业的设计部门中。

* 文中所有的包装设计概念图片都只是为了推动在大学课程中进行的学生项目。这些概念并不代表所示品牌的实际产品包装，而应该看作是只是理论性的。

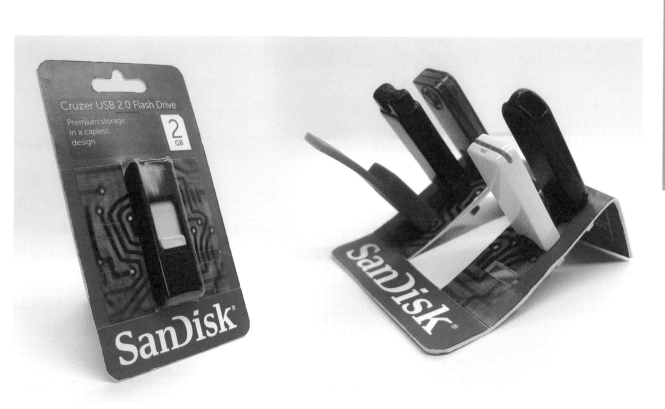

图2-58　演示环节之实物模型

1. 产品包装结构的合理性

不论是基本保护功能还是作为产品一部分的第二功能，甚至包装的可持续发展，很大程度上要依靠结构来实现。所以包装的设计从设计结构开始。

包装结构的合理性可以以三个字来概括：好、省、快，指在包装结构满足产品自身和客户商业要求的过程中表现出来的良好的包装品质、低量的资源消耗、快捷的使用体验。主要表现在包装对产品的保护性，包装的使用价值、生命周期和其生产资源消耗三者比例的平衡性以及包装在使用过程中的便利性。包装结构的合理性总是相对于特定的产品、特定的要求和限制而言的。对某一个产品是合理的包装结构对其他的产品而言就不一定合理。同一种形态的包装可以有很多不同的结构，设计师应当根据具体产品情况和客户的具体要求以及客户的包装成本预算来设计和选择最适合的结构方案。

在第一章中我们已经对包装的保护功能有了一定的了解。有些保护功能，比如防潮，要靠特殊包装材料的使用来完成。由结构来完成的保护功能在大多数情况下指的是防震、抗压、抗冲击，是为了减少产品在运输销售过程中受到振动冲击而损伤的可能性。不同的产品有着不同的强度，对振动冲击的敏感度也不同，因此对包装的保护性能要求也不同，这就意味着保护性结构的不同（图2-59、图2-60）。结构虽然不尽相同，但原理大同小异。保护性能由弱到强的缓冲方法依此为：通过定位避免晃动产生的碰撞；利用包装强度对抗外来冲击和压力；在此基础上，在产品与产品、产品与包装之间制造一定的缓冲空间来增强包装对产品的保护性；必要的时候可以分割缓冲空间、增加缓冲包装的物理强度，从而进一步强化对产品的保护。

体积较小的单个产品的缓冲结构相对比较简单，只需根据产品的形态制作一个内盒即可（图2-61）。因为这类产品通常重量较轻，包装材料自身的强度通过结构加强后足以保护产品。使用这种结构的时候，要注意内盒的外尺寸和外盒的内尺寸以及内盒的内尺寸和产品必须吻合（图2-62、图2-63）。如果内盒不能把外盒填满或者恰好放进产品的话，就无法很好地定位产品，也就无法为产品提供良好的保护。包装缓冲结构对产品的定位越准确、越稳固，其包装的保护性就越好。

内盒结构可以为较小的产品提供足够的保护，但对较重较大的产品，其保护性能就远远不能满足产品的需求了。缓冲模块结构可以为产品提供更全面的防震抗压保护。缓冲模块通常位于包装的各个内角或内边（图2-64）。通常情况下，选择产品强度较强的部位作为支撑点。依照支撑点的外形，折出缓冲模块

图2-59　低冲击敏感度的手动剃须刀包装

图2-60　高冲击敏感度的桌面音响包装

图2-61　缓冲内盒

图2-62　缓冲内盒正面

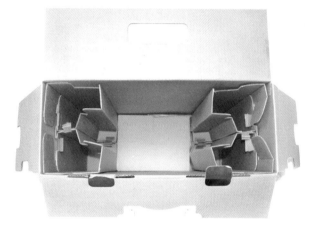

图2-63　缓冲内盒反面

图2-64　组合缓冲模块

与产品相接触部分（凹陷的部分）的形状（图2-65），并利用结构锁定。缓冲模块的突出部分则必须贴合外包装的内部形状（图2-66）。产品装上缓冲模块后的外径尺寸等于外包装的内径尺寸。增加结构中材料折叠的次数、缓冲空间的总体积以及模块中的空间分隔可以加强缓冲模块的抗冲击性，提高包装的保护性能。

有多个独立零部件或者附件产品的包装的缓冲结构的基本设计方法和前面所述的相同，也是根据不同产品的重量体积特性提出的不同保护性要求，在通常情况下分为内盒结构和模块结构。多部件的内盒结构（图2-67、图2-68）应视具体情况，适当增加结构内缓冲空间的分隔；模块结构（图2-69、图2-70）则要注意根据各个部件的不同强度及重要性设计不同强度的模块结构。与单个产品的模块结构不同的是，多部件包装的模块结构并非都位于包装的边角，某些部件的缓冲模块有可能位于包装的中间。这就要求各个模块的形状可以互相契合，由此达到相互定位的目的。设计多部件包装缓冲结构的时候，除了在各个配件或

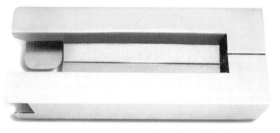

图2-65　单个缓冲模块正面

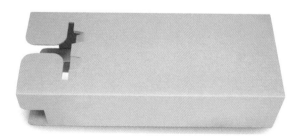

图2-66　单个缓冲模块反面

图2-67　多部件内盒缓冲展开图　　　　　　　　　　图2-68　多部件内盒缓冲

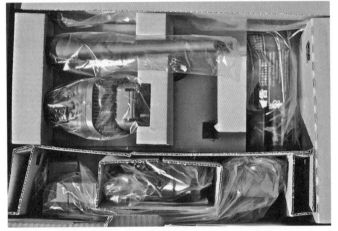

图2-69　多部件模块缓冲　　　　　　　　　　　　　图2-70　多部件模块缓冲局部

第二章　设计与实训

附件之间设计合理的缓冲空间，还要考虑如何巧妙组合包装产品的各个配件／附件，最大限度地利用空间，避免因不合理的内部结构造成外包装尺寸过大而浪费资源和包装生产成本增加。

包装的缓冲材料的使用也是影响其结构设计的重要因素。常用的缓冲材料有瓦楞纸、再生纸浆、海绵、EVA、珍珠棉、缓冲气袋等。过去常用的发泡聚苯乙烯缓冲材料由于不能自然降解，焚烧时会产生有毒气体而被称为"白色垃圾"，现在国际上已经限制使用，取而代之的通常是瓦楞纸缓冲模块或者再生纸浆压模成型的缓冲包装（图2-71至图2-73）。一些新型的环保型生物材料例如在第一章中提到的mushroom® packaging蘑菇®包装也正在普及中。

从可持续发展的角度，包装的生产资源消耗当然是越少越好，但这不是一个绝对的概念，而是相对于包装所产生的使用价值而言的。在旧的包装概念中，包装的使用价值仅仅体现在产品从生产厂商到用户手中这段时间内包裹和装载产品的功能上。曾经也有过"包装设计是否在一种必死的观念中承受着痛苦"*这样的议题。可持续发展包装设计的概念提出后，新的包装使用价值的概念也随之产生并得到普遍认可。在新包装的概念中，包装的功能可以不再局限于包裹和装载这样基本的功能，包装的寿命也可以随着其功能的扩展而延长。但这并不等于说在不久的将来，所有的包装在完成了基本功能后都会被留下来。大部分的包装，特别是快速消费品的包装还是应该快速进入再生循环中，好给不断后续而来的新的产品包装腾出空间。这种不具备实际使用价值的附加功能的包装，我们称之为"短、平、快"包装——短期寿命、平实功能、快速循环。合理的短平快包装的结构设计要做到"四简"，即：工艺简单、材料简单、结构简洁、使用简便。

* 出自《设计可持续的包装》一书，作者 Scott Boylston/<Designing Sustainable Packaging>

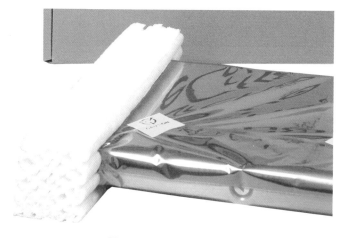

图2-71 以玉米淀粉为原料的生物缓冲材料

图2-72 缓冲气袋

对于外形接近于方形产品的包装结构设计来说，要做到"四简"并不算困难。但是，非常规形态产品的包装也要做到"四简"，就需要设计师充分发挥良好的逻辑推理能力了。例如图2-74秋千架的包装设计。

图2-73 再生纸浆模

这个产品本身呈一个半圆弧状，如果采用普通的方盒子结构，在空间和材料上都会造成大量的浪费，设计师的任务就是设计出一个更合理的结构。如同前面所说的，"四简"的实施是要以产品包装的功能为前提条件的，是在包装良好功能性的基础上的"四简"。所以，在着手进行设计的时候，首先要确定所设计的这个包装要承担的功能有哪些。这个产品的材料是木头、帆布和金属，结构简单，不属于对震动敏感产品。这也就是说产品本身所具有的良好硬度就足以应付一般运输中的震动和冲击，不需要额外的抗冲击保护，但仍然需要在产品表面作一定的覆盖，以保护产品不会在运输过程中被擦伤。另外，这个产品的体积相对较大，不能被放进常规尺寸的购物袋中，所以也有必要设计一个提手以方便携带。就空间节省来说，越是贴合产品的包装就越节省空间；模切工艺是包装生产中唯一不可或缺的工序。大多数情况下，结构越是简单的包装，用材就越少。最终，设计师给出了

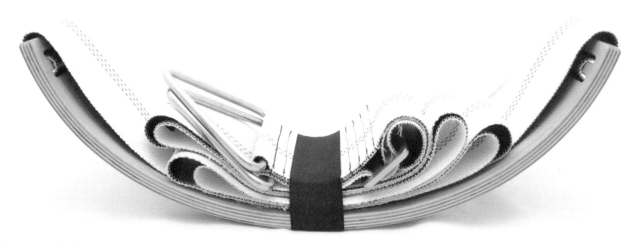

图2-74 秋千架

如图2-75所示的解决方案。

多次反复开关包装会降低包装的强度。但是很多消费者都有购买前检查产品的习惯，而这也确实能够减少误消费带来的不便。不打开包装就可以检查产品是个两全其美的方法（图2-76至图2-78）。

秋千架包装
设计师：Gerlinde Gruber
（奥地利）
客户：gabarage upcycling
design — Michael Hensel
设计时间：2011
所获奖项：Emballissimo 2012
（奥地利的一项纸制品设计大赛）和 Green Packaging
Star Award 2012/2012 年绿色包装之星

图2-75　秋千架包装/Gerlinde Gruber/葛琳达·格如伯/奥地利/2011

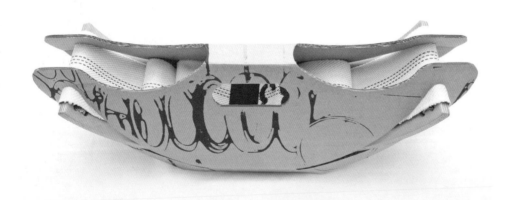

图2-76　秋千架包装/Gerlinde Gruber/葛琳达·格如伯/奥地利/2011

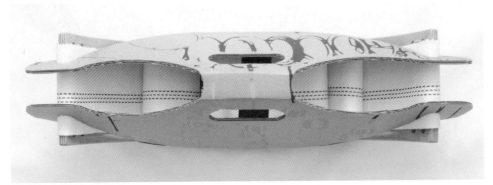

可爱的摇摇马造型符合产品的玩具概念，趣味十足。

图2-77　秋千架包装/Gerlinde Gruber/葛琳达·格如伯/奥地利/2011

图2-78　秋千架包装/Gerlinde Gruber/葛琳达·格如伯/奥地利/2011

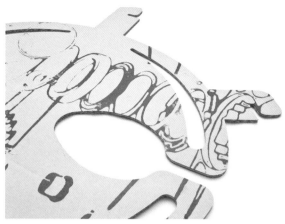

图2-79　秋千架包装/Gerlinde Gruber/葛琳达·格如伯/奥地利/2011

提手的设计方便用户携带产品。

当你带着刚买的这样一个秋千架走在回家的路上的时候，会不会觉得很酷呢？

图2-80　秋千架包装/Gerlinde Gruber/葛琳达·格如伯/奥地利/2011

一方面，半圆形的包装外形贴合产品形态，节约了包装空间；另一方面，也配合产品的玩具概念，使这个包装看起来像个摇摇马，更有趣味性。产品本身的硬度较好，对包装的保护要求相对较低，但圆弧片状的形态在圆弧的两端受压的时候就存在折断的风险。设计师用了两片半圆形结构填补了圆弧中间的空间，依靠包装材料的强度降低了产品折断的风险。这种半封闭的结构既在很大程度上节约了包装材料，同时又允许消费者可以直观地看到和触摸到产品。这样，一方面可以在检查产品的完好性的同时避免打开包装；另一方面可以拉近产品和消费者之间的心理距离，促进消费行为的产生。配合这种结构的卡位产品固定方法，赋予了这个包装的使用便利性。它的闭合则是依靠位于包装底部即圆弧面的三个锁口片。整个包装的结构非常简洁，只有一片瓦楞纸（图2-79、图2-80），这使得包装本身的运输和储存都变得十分便利。它的生产工艺也非常简单，只有模切一道工序；它的用材简单，是可以完全回收再生的瓦楞纸，所用油墨是水溶性的且用量不大，便于包装的回收再生；它的使用简便，一卡一扣就可以带走，并且在它的整个生命周期中只需装入取出产品一次。

一般我们认为如果一个包装的功能或性能达不到所包装产品的需求，例如对包装保护性能的需求，那它就是个失败的设计。事实上，所谓"过犹不及"，如果一个包装的功能或性能超过所包装产品的实际需求——通常情况下意味着更多的生产资源消耗，那么它同样是个不合理的设计。

同样是木制玩具的包装，相比上个案例中的一片式结构，图2-81至图2-83包装共有四个部分。产品的内包装体积为160mm×160mm×19mm，而产品外包装的体积则达到290mm×290mm×58mm。为了填补包装和产品之间大量的空隙，这个包装的上下左右都做了缓冲结构。对于自身强度较好的木质积木来说，这个包装的缓冲保护性能大大超出了产品的需求，造成了极大的包装生产资源的浪费。另一方面，由于结构复杂，包装组件多，这个包装在使用和运输的过程中极其不方便。

快捷方便、令人愉悦的使用体验是用户中心设计（user-centred design）中的重要内容。而在包装结构合理性的概念中，这种标准只是基本的、不会令人紧张烦躁的使用的水准。换句话说，从终端用户的角度，只要这个包装的开启过程是连贯不断的，就可以被认为在这个方面是合理的。这也是包装设计的基本要求之一。更优化的使用体验是以用户中心设计为基础的优秀设计所必须追求的目标，这种标准比用来衡量包装结构合理与否的标准要高得多。

作为包装设计的一项基本要求，以当今包装设计的整体水平，一般情况下，大多数包装都可以做到连贯开启这一点。但这并不等于说连贯开启这一使用便利性是自然而来的，只是因为一些常用的结构在长期的使用过程中经过许多设计师点点滴滴的修改，已经被进化得相当合理，以至于我们可以当作模板直接使用，而不用自行设计。如果设计师在设计的时候脑中没有考虑到使用便利这一因素的话，即使是套用常规结构，也有可能因为材质或生产工艺的不同而在这一点上发生意外。

图2-81　过度包装

图2-82　过度包装

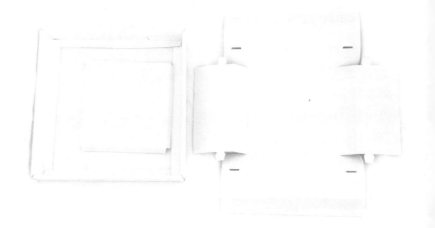

这个包装中的 2 个衬垫部分不但完全没有必要，而且其本身的结构设计上也非常浪费纸材。

图2-83　过度包装

图2-84　不合理开启结构　　　　　　　　　　　　　　　　　　　　　　图2-85　不合理开启结构

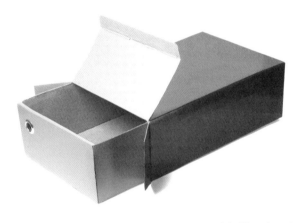

图2-86　不合理开启结构　　　　　　　　　　　　　　　　　图2-87　常规抽屉式开启

套盒结构也称为抽屉式，是一种常见的结构。图2-84至图2-87所示。手机包装的外盒五面封闭，一面全开，套一内盒，是典型的抽屉式结构。一般的抽屉式或者内盒会略小于外盒的内尺寸，以方便倒出内盒；或者在内盒外露面上留有手指粗细的孔洞，以便抽出内盒。

手机包装本身尺寸较小，而手机属于对包装保护性要求较高的电子类产品，再加上手机包装内常有细小附件，其包装上确实不适宜留有像鞋盒上的那种空洞。但这个包装的设计师显然没有亲自试用过这个包装，在去除了不适合此产品的开启方式后却没有给出新的解决方案，致使这个包装的内盒既无法像iphone的包装那样可以利用包装本身的物理条件缓缓滑出，也因为没有着手点而无法被抽出。结果终于变成了一个"无法开启"的盒子。

不管是设计一个全新独有的包装结构，还是利用现有的结构，包装使用的便利性特别是开启的连贯性都是设计师必须考虑的问题。而在利用现有结构的时候，设计师往往更容易忽视这个问题。其实，只要用心，解决的方法还是很丰富的（图2-88至图2-90）。

图2-88 无法开启的盒子

图2-89 摩托罗拉手机包装/Burgopak/英国

第二章
设计与实训

内盒极其牢固地固定在外盒内。即使提起外盒，内盒也是纹丝不动。包装表面光滑平整，没有任何可以拉出内盒的着力点。

最简单的解决办法是在外盒上接近开口的地方露出部分内盒以制造着手点。露出部分不同的造型会在视觉上带来不同的感受。

图2-90 摩托罗拉AURA手机包装/Burgopak/英国

按照可持续发展的概念和人类中心设计的准则，在包装结构合理性的三个标准中，包装的保护性和使用时的便利性是不可牺牲的相对定值，而包装的生产资源的消耗则是取决于包装保护性和其他因素的变值。在实际的操作过程中，设计一个包装往往需要考虑多方面的因素，满足客户提出的多个要求。这就要求设计师要能够结合产品具体情况，从包装的生产、销售、使用到回收的整体范围内来综合考虑问题。这也就是我们从一开始就在强调的"相对"、"适合"。"四简"结构适合于"短平快"包装，但未必适合于要负担特殊功能的包装；半封闭的结构适合于木质秋千架的具体情况，但不适合于对振动冲击敏感的电子类产品。所谓的合理性是要在包装功能、寿命和消耗这三者之间达成平衡。我们的观点是这三者间可以但不是必须成正比。换句话说，为了满足产品对包装相对复杂的必要需求，或者为了延长包装使用周期，可以适当增加包装生产的资源消耗。原则是包装生产所消耗的资源不能超过其所带来的价值。

Oregano 是奥地利的一家复杂电子组件设计及顾问公司。他们的包装不需要进入零售市场，但却往往要经历长途旅行。虽然他们的包装不像商业包装那样需要包含很多品牌信息并推销其产品，但在行业展销会这样的场合，Oregano公司还是要求他们的包装具有良好的识别性。作为一个有社会责任感的公司，Oregano对他们的新包装提出了一系列更高的要求：

——同一个包装能够同时适用于三种不同的产品尺寸（60mm×120mm～100mm×160mm）；

——在运输过程中既能为产品提供高度稳定的高性能保护，又不需要使用海绵等防震填充材料；

——可以方便快捷地装入和取出产品；

——包装本身可以被拆开，以展平的形态被储存和运输；

——体现与产品的高品质相符的价值；

——设计简洁有力不花哨；

——出色的识别性；

——保留在显著位置加放一个U盘的可能性。

电子组件对振动、冲击、静电、潮气、温度等物理因素都相当敏感。常用的包装方式为以防静电气泡膜袋为内包装，起到缓冲、放静电、防潮、恒温、避光的保护作用；以强度较好的瓦楞纸盒为外包装，作抗冲击、抗压的保护。这两种包装材料的使用对于电子组件来说还是比较经典的，得到了奥地利设计师Gerlinde Gruber的延用。客户的首要要求为给三种尺寸差异较大的型号设计一个通用包装。通用包装的尺寸只能以所有型号中的最大尺寸为参考数据。防静电气泡膜袋作为软质包装，受产品尺寸的影响不大。但是瓦楞纸盒作为硬质包装却不能随意改变自身尺寸来适应不同规格的产品。就像我们在前面所提到的，如果包装的结构不能很好地定位产品，那这个包装就不能提供出色的保护。这种情况下最常用的解决方法是在包装的多余空间处填入缓冲材料。然而，这个案例中的客户则拒绝了填充材料的使用。

对此，Gerlinde Gruber选择了"悬空"策略——使产品相对悬浮在包装盒内（图2-91至图2-96）。"悬式"结构在产品的周围创造了一个安全空间，使产品在受到冲击时因为没有受力点而可以完美地避免损伤，这种结构本身就具有相当出色的保护性能，因此不需要格外的缓冲材料作填充。再加上防静电气泡膜袋的保护，即使产品在运输过程中受到晃动或震动，也不会对产品产生足以导致损伤的冲击。

Oregano-Shipping Box/
设计师：Gerlinde Gruber（奥地利）
客户：Oregano Systems—Design & Consulting Gmbh
设计时间：2013 年

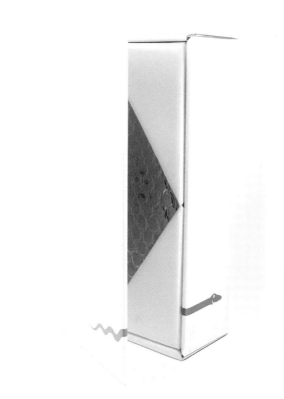

训练一：产品包装设计

图2-91　Oregano-Shipping Box电子组件运输包装/
Gerlinde Gruber/葛琳达·格如伯/奥地利/2013

图2-92　Oregano-Shipping Box电子组件运输包装/
Gerlinde Gruber/葛琳达·格如伯/奥地利/2013

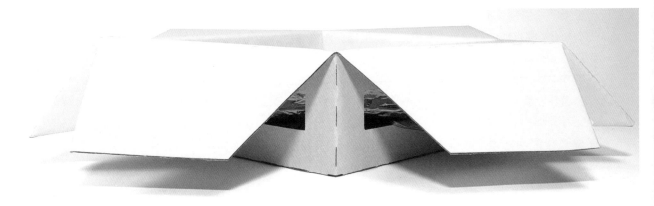

图2-93　Oregano-Shipping Box电子组件运输包装/Gerlinde Gruber/葛琳达·格如伯/奥地利/2013

图2-94　Oregano-Shipping Box电子组件运输包装/
Gerlinde Gruber/葛琳达·格如伯/奥地利/2013

设计师摒弃了通常的"卡"式结构，而采用了"架"的结构，使得包装的保护结构在一定范围内可以不受产品尺寸限制。

看似复杂的外形，其实展开后只是一片长方形的卡纸，不需要任何的黏合剂，也不需要除模切之外的任何其他工艺。使用的时候只要绕着产品合起来并卡住就可以了。这样也满足了客户平板运输储存和方便使用的要求。

独特的结构设计，不仅有着良好的功能性，视觉上也给人以新鲜的感受，正面的矩形与菱形的组合、银色未来感的软性材质和白色自然感的硬性材质的结合使用，使整个包装在理性化的高品质中揉进了一丝感性的艺术气息。而反面的结构形态则宛如一朵盛开的花。

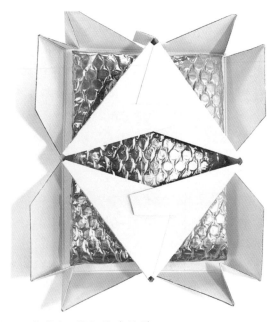

图2-95　Oregano-Shipping Box电子组件运输包装/Gerlinde Gruber/葛琳达·格如伯/奥地利/2013

包装设计是个涉及多个环节领域的复杂过程。即使只是作为其一个部分的结构设计也必须要综合考虑从不同产品特性到包装生产成本消耗，及对环境的影响，再到运输使用的便利等多个方面的因素。这些因素之间并不总是相互有利的，有时甚至是互相制约的。设计师的工作就是在各种制约条件下，权衡各个因素之间的关系，整合利用具体项目中的各种条件资源，寻找出各个因素间的利益平衡点，从而做出最佳解决方案。

2. 包装中的"必须"和"必要"

1）必须的信息标准

包装从它在产品流通过程中的环节来分，可分为消费包装和运输包装。消费包装是在"前台"直接与消费者接触的包装部分，运输包装是在产品批量运输的过程中方便储存、搬运而设计的包装。有些信息是在包装上必须出现的，或者是出于对厂商的利益保护，

图2-96　Oregano-Shipping Box电子组件运输包装/Gerlinde Gruber/葛琳达·格如伯/奥地利/2013

或者是出于各国包装法的强制规定。一般来说，同类产品的包装上所必须出现的信息是有行业统一标准的（图2-97、图2-98）。

① 商品名称

当我们做自我介绍时，首先介绍的是自己的名字；当我们推销产品时，首先要介绍产品的名字。商品名称就是产品的名字。

② 品牌

现今的市场上已经不存在没有竞争对手的品牌了。如果不突出品牌，越是好的产品越会被快速复制，从而失去辛苦打拼来的市场，让竞争对手轻松坐享；另一方面，品牌价值也越来越多地被消费市场所认可，甚至，由品

注册商标

商品名称

品牌

图2-97　微软Arc Touch鼠标包装

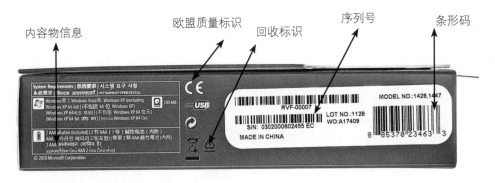

内容物信息　　欧盟质量标识　　回收标识　　　序列号　　　条形码

出品人

内容物信息

图2-98　微软Arc Touch鼠标包装

牌带来的价值远远超过了产品本身。所以，无论如何，品牌名称都必须出现在包装上。值得注意的是，绝大多数的品牌字体是经过注册，不可变动的。保持品牌形象的统一也是塑造品牌过程中重要的方法之一。

③ 注册商标
注册商标是指已获得专用权并受法律保护的一个品牌或一个品牌的一部分，是识别某商品、服务或与其相关具体个人或企业的标志。经过政府有关部门核准注册的商标，其商标申请人就取得了这个商标的商标专用权，这个品牌名称和标志就受到法律的保护，其他任何个人或企业都不得使用或效仿。所以，注册商标是保证品牌利益不受侵犯的重要标识。

④ 内容物的相关信息
一个包装内不一定只有一件产品。除了主体产品，往往还有各种附件。而包装上的插图照片也不总是只有内容产品的出现。所以，包装内所有的产品包括附件的名称、数量、重量这些信息都必须以醒目的方式出现在消费包装上以避免误导消费者。

⑤ 各种标准号、许可证号和产品序列号等
很大程度上，这部分的信息是包装法强制规定的。当然，根据各国法律的不同，具体内容会有所不同。一方面这些是产品合法生产销售的证明，另一方面这些信息也是厂商对产品进行质量追踪、身份验证的必要手段。

⑥ 出品人及产品储存、回收标识
这部分信息也是法律强制规定必须出现在消费包装上的。出品人指的是生产厂家或者品牌拥有者。某些产品对

储存有特殊要求，例如防潮、勿倒置或者冷藏等，这些相应的标识也必须出现在消费包装上，以保证消费者的权益。另外一些产品，例如电子类产品，必须遵循当地法律进行回收，否则会引起环境污染，其相应的回收标识也必须出现在消费包装上。根据各国法律的不同，有时还必须标明包装材料的成分标识以及回收方式标识。

⑦ 商品条形码（barcode）
商品条形码是指由一组规则排列的条、空及其对应字符组成的标识，用以表示一定的商品信息的符号。其中条为深色、空为浅色，用于条形码识读设备的扫描识读；其对应字符由一组阿拉伯数字组成，供人们直接识读或通过键盘向计算机输入数据使用。这一组条空和相应的字符所表示的信息是相同的。商品条形码的编码遵循唯一性原则，以保证商品条形码在全世界范围内不重复，即一个商品项目只能有一个代码，或者说一个代码只能标识一种商品项目。不同规格、不同包装、不同品种、不同价格的商品只能使用不同的商品条码。所以，商品条形码可以说是商品流通时的身份证。没有条形码产品就无法在国际，甚至国内稍大点的正规市场上流通。

商品条形码的标准尺寸是37.29mm×26.26mm，放大倍率是0.8~2.0。当印刷面积允许时，应选择1.0倍率以上的条形码，以满足识读要求。放大倍数越小的条形码，印刷精度要求越高，当印刷精度不能满足要求时，易造成条形码识读困难。

2）"必要"的信息
随着人们对厂商提供给消费者的信息越来越重视，包装上的信息已经不得不为消费者主动寻求的内容提供直接的答案了。一方面，人们越来越关心健康问题，越来越关注产品的生产方式和材料配方是否环保；另一方面，产品的各种促销信息或是特殊功能也总是能够引起人们的兴趣。所以，这些信息虽然不是法律规定"必须"的，但无论对于厂商还是消费者来说都是"必要"的。根据厂商的不同情况，即使是同类产品，包装上所包含的"必要"信息也可以是不同的。

图2-99　FSC

FSC，森林管理委员会标志表明了该产品所涉及的木材来自于以森林管理委员会的标准管理良好的森林，即该木材资源的使用是符合可持续发展的标准的。

① 社会关注的信息
这方面的信息很多，通常以各种各样标识图案的形式出现。例如各个国家的各种组织的有机产品标识、绿色产品标识、营养成分分析表、回收标识、各种行业认证标识、再生材料标识、可持续发展标识、各种环保标识等（图2-99至图2-101）。

图2-100　FSC

The Green Dot，绿点。这个标识在欧洲国家中非常常见。它表明了生产者对其包装的回收再生作出了贡献。换句话说，标有这个标识的包装都是可以被回收再生的。

② 吸引消费的信息
吸引消费的信息包括产品的升级、各种加量不加价式的促销、利于产品销售的各种荣誉、结合时事的宣传等。厂商为了促进销售而举办的各种活动当然希望消费者可以在第一时间注意到，从而引发消费欲望。不过，这些活动常常是暂时性、阶段性、有时效性的。为暂时性的活动而专门设计制作包装当然可以，但从生产成本的角度来考虑，大多数的厂商还是愿意只是在原有的包装上添加上活动信息。

图2-101　FSC

European Ecolabel，欧洲环境标识。这个环境标识是由所有欧盟成员国政府支持的官方标识。它仅仅用来表彰那些其消耗品对环境的影响符合了极其严格的相关标准的产品和服务。

图2-102 标贴

图2-103 标贴

图2-104 标贴

图2-105 标贴

最常用的方法是标贴和套印（overprint）。

如果活动信息的时效性很强，活动时间相对较短的话，标贴的优势使其成为首选方式。

③ 不影响原包装的视觉设计

一般来说，一个成熟的包装设计，其视觉版面应该是严谨的、不可随便变动的。随意的增减信息元素而不对版面编排进行适当调整的话会影响其视觉的整体性。但标贴的形式则是一个例外。作为一个信息元素，标贴可以作为包装整体的一部分，精确地添加到预先设定好的部位（图2-102）。也可以作为一个独立的视觉因素，相对自由地方便地加到原包装上而不影响其原来的信息设计（图2-103）。

④ 便于操作

标贴的另一大好处就是操作方便。不论量多量少、位置精确还是随意，标贴的操作方法都可以灵活地随之变化，以适应不同的情况。标贴机贴标适合于量大且位置要求精确的情况。几万甚至十几万的数量也可以在几天内完成。手工操作则适合数量少且位置相对随意的情况。从一个到成百上千的数量，只要一双手、一张椅子的成本就可以完成任务（图2-104）。

⑤ 标贴的材料和印刷工艺丰富

随着科技的发展，标贴印刷的材料和工艺也变得十分丰富。从普通平版印刷到环保无污水超精度印刷，从亚光金属烫印到激光，再配合各种不同的纸张材料，标贴所能表现的视觉效果可以说令人眼花缭乱。这些都极大地丰富了标贴的视觉表现力，扩大了标贴的应用范围（图2-105）。

有时候，厂商对活动信息在包装上的位置要求相对精确，但参与活动的产品数量即包装数量又达不到机器贴标的最少数量。这种情况下，套印不失为另一种选择（图2-106）。

叠印（overprint）是指在已经印刷过的表面进行再次印刷。可以

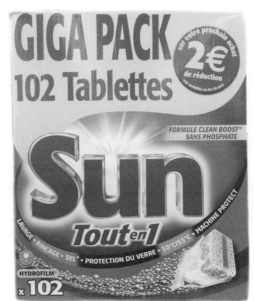

图2-106 套印

完全覆盖原来的印刷，也可以通过减少网点数量达到特殊的印刷效果。在这里，我们不讨论印刷带来的特殊效果。叠印既可以是平版印刷，也可以是丝网印刷。如果包装的展开结构比较接近各种常规的印刷尺寸，例如8开、16开，那么在当地印刷技术允许的条件下，可以选择平版叠印。但如果包装已经成型，且无法再次展开为平面的话，就只能选择丝网叠印。丝网套印的优势是适用范围广，可以在立体表面进行印刷；缺点是在印刷速度和精度上都要落后于平版印刷。

3. 提升产品附加值
作为包装设计的原则之一，在第一章中，我们已经对包装可以提升产品附加值的功能有了一定的概念。在这里，我们将具体给出通过包装提升产品附加值的几种方法。

1）高品质包装带来附加值
当说到高品质的时候，是指高于普遍水平的品味和质量，而不只是合格或者一般好的标准。质量是我们讨论的一个前提条件。也就是说，在成本预算允许的条件下，质量越高越好。除此之外，包装的材质、制作工艺以及包装结构的合理性是影响包装品质的几个方面。这些因素的考虑应采取"适用"原则。

① 材质
材质包括了材料和质地两方面，不同的材料有着不同的物理特性。从类别来分，常用的包装材料有纸张、塑料、木质、金属以及各种复合材料等。这些材料本身没有贵贱之分，需要设计师根据具体包装的产品特性以及市场情况做出适当的选择。选用适合的包装材料可以为包装加分、提高产品附加值。值得一提的是，在"可持续发展"成为社会发展的主流趋势的当下及未来，环保材料的选用毫无疑问地可以为产品和包装加分。

三明治是英国非常大众的快速食品。无论是写字楼里的工作餐还是给孩子准备的lunchbox（带到学校的午餐）甚至郊外的野餐、旅行途中的快餐，各种各样的三明治都是人们的首选。传统的三明治包装是透明PVC材料制作的三角形盒子。这种盒子被沿用了很多年，曾经市面上所有的三明治包装都是统一的PVC三角形盒子，直到某一天，三明治快餐店Pret A Manger 摒弃了PVC，独树一帜地选用了纸盒，之后满大街都是塑料三明治盒子的局面才得到彻底的改变。由于纸盒比塑料盒使用方便，更加健康，也更加清洁环保，人们宁愿多花点钱也要选择纸盒包装的三明治（图2-107）。这一改变，使得Pret A Manger迅速成为三明治快餐的一线品牌，并奠定了自然、环保、美味的品牌形象。现在，伦敦市场上大部分的三明治品牌都已使用了纸盒包装，这几乎已经成为不成文的行业标准。其他品牌的三明治也纷纷采用纸盒包装，甚至还改进了包装结构。

同样的材料可以有许多不同的质地。质地是指材料品种和软硬、结构等特征，是人们通过视觉、触觉、嗅觉、味觉和听觉获得的对材料的感受。例如，材料的厚薄、软硬、平滑度、视觉上的反光度、材料间摩擦力的大小、使用过程中散发的气味、产生的声音等。质地的选择要考虑到产品的属性和风格。这三者的关系配合得越好就越是能提高产品的附加值。反之，则会为产品减分。

图2-107　Pret A Manger三明治包装/英国

裱糊纸盒是高档产品经常选用的包装方式。兰蔻2012年的圣诞礼盒和苹果iphone包装都使用了裱糊纸盒。兰蔻是高档化妆品品牌，其产品是非常感性的、细腻的、温柔的；其品牌风格一向都是浪漫而不失端庄的。兰蔻的外裱纸采用了90g珠光质地的纸张，底盒的侧面和里面则加工成金属磨砂质地。首先，珠光质地的顶盒在光线下会散发出一层淡淡的浅金色的光晕，从视觉上营造浪漫奢华又相对低调的氛围（图2-108）。90g的纸，相对质地较薄，正好可以流畅地包出90°的圆弧棱角而又不至于因为太薄、容易破损而降低包装的品质。底盒的金属磨砂质地，一方面在视觉和触觉上加强了浪漫奢华的氛围，同时和顶盖的珠光质地形成对比，更加强了形式感；另一方面，利用磨砂的粗糙表面加强了纸张的摩擦力，在一定程度上延长了开盖时间，使用户在打开礼盒的时候有一个"惊喜"的过程（图2-109）。

iphone是个电子类产品。理性、精确、简洁、创新、高品质是其产品的代名词。而苹果公司从来就是以严谨和极简的面貌示人（图2-110）。iphone选用了60g雅芬纸作为外裱纸，并且在每个侧面用了双层来加厚。雅芬纸纸质紧密，表面光滑无光，很好地体现了简洁和高品质。克重重的纸张挺括、平整、不易皱折，包边易为锐角。但如果纸张相对包装体积太厚，就会不易裱糊且容易脱落。所以，iphone在每个侧面用了双层来加强包装挺括、平整的质感，而折边处保持单层方便生产。配合电子产品的严谨、理性，所有的折边都表现为90°锐角。对于iphone内盒稍低于外盒的结构设计，恰到好处的摩擦力设计更是尤为重要，否则，不是包装盒难以打开，就是内盒掉落太快，容易造成意外。iphone包装的纸质摩擦力，使用户在单手持包装两侧面的情况下，内盒自动下降5mm左右，在内盒底部留出手持位置，方便开盒（图2-111）。

图2-108 兰蔻礼盒包装顶盒/2012

图2-109 兰蔻礼盒包装/2012

图2-110 苹果iphone5包装/2013

图2-111 苹果iphone5包装/2013

② 制作工艺

在这里我们讨论的是制作工艺的精准度和印刷的精确度，并非各种不同的生产和印刷工艺方式。

制作工艺就是我们平时生活中说的"做工"。一件做工上乘的产品，价值自然就高。作为产品附属品的包装，做工精良、价值高的话，自然也就提高了主体产品的附加值。工艺的精确度主要体现在包装的表面是否平整，切割线是否平整准确，折角角度是否精确，连接处是否整齐，黏合处是否整洁，包装的不同部分结合是否紧密；印刷的精确度主要表现在套色是否准确，色块是否均匀，图片是否细腻，颜色的色度色相是否准确。

iphone包装在工艺上也体现了其高品质。首先，其包装的所有部件表面，包括内衬和附件包装的表面甚至2 mm厚的壁厚面都达到了绝对的平整光滑（图2-112），没有任何的多余、毛糙或者气泡；其次，裱糊部分所有的接头都隐藏不可见，所有的接缝都非常整齐，90°垂直，包角处45°精准，所有的部分都定位准确，没有松动。换句话说，iphone的包装的公差非常小。其印刷精度之高，就算是专业人士，肉眼也几乎无法识别网点。尽管它的用材和结构甚至视觉设计都很简单，但在其高品质生产工艺的基础上，所有的简单都完美地诠释了苹果的理性极简的风格，通过提升包装价值，提升了产品的附加值（图2-113）。

③ 包装结构对运输便利性的影响

a. 传统运输方式的便利性

消费包装的运输便利性可以为产品带来直接的附加值。消费包装的运输是指产品从售卖点或者说从商家到产品使用地点的这段运输过程。消费包装的便携性是生产厂商对消费者体贴的人性化设计的体现。包装设计得越人性化，就越有利于消费者满意度的提高，也就越有利于产品附加值的提高。

对于包装体积小的产品，可以被轻易地放进购物袋携带，但对于那些体积或重量超过了常规购物袋的装载范围的产品，便携性就显得尤为重要了。产品包装越大越重，其便携性就越能影响消费者的消费体验。在设计包装的携带方式的时候，必须要考虑产品包装本身的体积、重量以及产品本身的抗震性能。一般来说，体积较小、重量较轻的产品可以用各种拎手，体积较大或需要保持平放的产品的包装多采用直接在包装上模切成型的方法增加把手位置；但对于体积大、重量重的产品就应当考虑手持（拎或提或端）以外的运输方式，例如电视机或台式电脑。至今，我依然记得我那超过10kg重的苹果电脑经过4h地铁和城际火车的颠簸从伦敦市中心回到家里的情景。10kg拎在手上10min还可以承受，但如果是几个小时的话大多数人都会觉得疲劳。不知道是不是因为这个的缘故，我们家从此再也没有买过台式电脑。

英国设计师Tom Ballhatchet对平板电视／显示器的消费包装的便携性作出了新的构想——给包装安上轮子！有

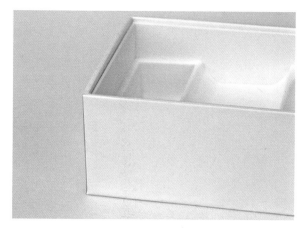

图2-112　苹果iphone5包装/2013

图2-113　苹果iphone5包装/2013

了这种自带可拆卸轮子的平板电视包装，人们再也不用排队等待商家送货或者满头大汗地自己搬运了。即使消费者搭乘的是公交车或地铁，也能轻松地搬运回家，立刻享受新电视了！（图2-114）

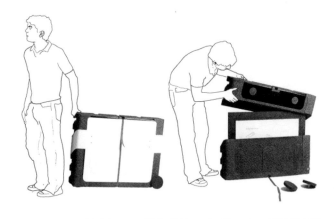

图2-114 平板电视显示器包装/Tom Ballhatchet/英国/2007

b. 网络消费的包装要求

在电子时代的今天，网购变得越来越普遍。这一新的消费形式的出现给消费包装的便携性提出了新的要求——符合邮政包裹包装标准。根据中华人民共和国邮电部1997年12月1日开始实施的《中华人民共和国通信行业标准邮政包裹包装箱（国内）》规定，邮政包裹包装箱采用瓦楞纸板、钙塑瓦楞板、聚乙烯塑料中空板等材料制作。其材料技术要求均有相应的规定。

箱体表面要求：箱体应方正，表面平整，无明显损坏，无污垢；箱体应适用普通自来水笔、毛笔、圆珠笔书写文字并适应普通油墨加盖戳记，且字迹、印痕清晰、耐擦涂；应适用普通胶水或浆糊粘贴包裹号码签条或条码签，固化后不脱落。

对于结构的要求为：通用型包装箱可采用全叠盖式结构，或折叠式结构；专用型包装箱可采用全叠盖式、折叠式或插舌式。对包装箱的物理性能要求为：空箱抗压力大于等于1000N；被邮寄物品放入包装箱，并按照《国内邮件处理规则》的要求封装完毕后，包装箱从800mm高度自由跌落，箱体不允许出现破损；箱体摇盖应能反复开合5次，内外面层不得有裂痕。

事实上，消费包装和邮政包装不可能达到真正意义上的完全统一，因为这两者所要兼顾的包装功能完全不同，这两者所必须传递的信息也完全不同，且不能同时出现。既然这两者不能互相取代，那么我们所能够考虑的就只有合并两者的共同功能，以降低包装成本，提高利润空间，变相提高附加值。这两者只有一个共同点，那就是保护产品——抗震、抗压。我们来看看苹果公司的包装在推行网购服务前后都做了哪些改变。

图2-115是2005年市场上销售的苹果Mac mini的销售包装，我们可以看到包装配备了便于携带的拎手和防震内衬（图2-116）。

图2-115 苹果Mac mini包装/美国/2005

图2-116 苹果Mac mini包装/美国/2005

图2-117是2012年市场上销售的苹果Mac mini的销售包装。拎手和防震内衬消失了，包装体积大大缩小了，包装的材质变薄了，翻盖式开启变成了封套式。消费者可以体验到的是开启变得更便利了，而体验不到的是苹果公司销售包装成本的大幅度下降。无疑，这样的改变大大削弱了其销售包装的产品保护性能，可以说，这个包装只是具有了装载的功能。苹果公司的设计部门当然没有那么傻，他们把销售包装的保护功能全部转移到了邮政包装——为了兼顾网络销售而不得不增加的包装之上。

无论防震内衬是加到销售包装的内部还是外部，邮政包装的尺寸都不会改变，而防震内衬的尺寸也基本不会有改变，唯一受影响的是销售包装的尺寸。大尺寸等于高成本，小尺寸等于低成本，如何选择，答案是显而易见的（图2-118、图2-119）。

图2-117　苹果Mac mini包装/美国/2005

另一方面，销售包装的大小还会影响到用户的使用体验。现在这种结构在邮政包装和销售包装之间留有足够的空间，可以很轻易地从邮政包装中取出产品（图2-120、图2-121）。试想，如果防震内衬在销售包装里面，销售包装的尺寸就会几乎和邮政包装一样大，那样的话要取出产品就会变得非常困难。

图2-118　苹果Mac mini包装/美国/2012

图2-119　苹果Mac mini包装/美国/2012

图2-120　苹果Mac mini包装/美国/2012

图2-121　苹果Mac mini包装/美国/2012

2）包装衍生功能提高产品附加值

包装的衍生功能指的是包装所拥有的除了保护产品之外的使用功能，也就是我们在第一章中所介绍过的包装的第二功能。产品包装的衍生功能使得产品包装有了独立存在的价值，在一定意义上成为第二产品，这第二产品的价值当然就是第一产品的附加值了。

包装的衍生功能有两种。一种是和所装载产品没有必然联系的功能。例如，空的玻璃罐子可以当便携茶杯用，空的电器包装可以储存暂时不用的东西。这种衍生功能的设计不适用于快速消费品包装，除非衍生出来的包装产品也属于快速或一次性消费产品。典型的一个例子是酸奶的包装。我们家曾经常购买某种品牌的酸奶，因为那个牌子的酸奶包装是陶瓷的，吃完后可以当茶杯用。但是，很快，我们就停止购买那个牌子的酸奶了。原因是家里的茶杯已经多得放不下了！如果把陶瓷的包装扔掉，又觉得浪费了一个茶杯，心里很是不忍。所以，干脆还是买纸杯包装的酸奶。

另一种衍生功能是为所装载产品服务的功能。或者，通过包装和其装载的产品相结合，而产生出的第二使用功能。例如说电视机包装衍生出电视柜的功能，又或者电灯泡的包装变成灯罩。从实际使用体验的角度来看，这种与所装载产品相结合的衍生功能更符合人们的实际使用需求，也更能提升产品的附加值。毕竟，当人们进行消费的时候，主要还是购买包装内的产品，是出于对其产品使用价值的需求而发生的消费行为，而不是包装。与所装载产品无关的包装衍生功能未必就是用户所需要的；与其产品相关的衍生功能能够帮助用户获得更好的产品使用体验，所以其对用户来说也就更有价值。

包装衍生功能的设计有两大类。一类是通过设计，使包装本身就具有第二功能。虽然使用第二功能的方式不尽相同，但这一类包装的衍生功能是相对独立的，不依赖于其包装产品的。换句话说，包装本身就可以成为某个产品（图2-122）。这一类的设计有很多实现的方法：可以利用包装材料本身的特性来设计衍生功能；可以重新利用包装材料DIY成其他的产品；可以通过对包装的不同使用方法得到新的功能；可以通过包装的不同部件的不同组合来得到不同的功能；可以利用原包装进行结构重组而获得新功能；可以把包装设计成产品的某个附件来获得衍生功能；还可以利用高新科技来赋予它独特的第二功能。

另一种情况，就是包装本身不具有衍生功能，但和其装载的产品相结合后就产生了新的功能（图2-123、图2-124）。这种包装本身很普通，它的第二功能是依附在某个特定的产品之上的，脱离了这个特定的产品，它的第二功能也就不复存在。这种设计方法是利用产品本身的属性特征衍生出新功能的，所以，对产品属性特征的充分了解和理解是设计的前提。

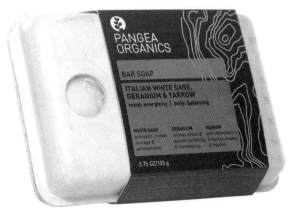

这种有机香皂的包装使用了一种特殊的生物环保纸浆，里面含有植物种子。人们把香皂取出来后，只要随便把包装丢进土里，纸浆里所含的种子就会自己生根发芽，开出美丽的花来。而包装本身则会分解成培育植物的养料。所以，消费者每买一块香皂，等于还获赠了一盆花。

图2-122　Pangea Organics香皂包装/美国/2006

这个书夹的包装本身就具有自动出夹器的功能。人们可以把它挂在墙上或放在桌子上使用。只要打开盒子下方的盖子，书夹就会依次一个一个地滑出来。当书夹被使用完毕，还可以被重新放回盒子，整整齐齐排队等候下次使用。这个盒子还有自动计数的功能，通过视窗和旁边的刻度，人们一眼就可以识别盒内所剩的书夹数。

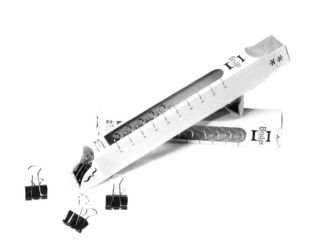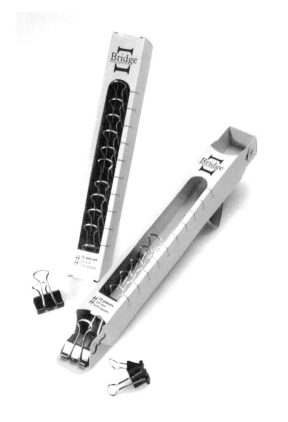

图2-123　自动出夹器/叶怡均/台湾/2006　　　　　图2-124　自动出夹器/叶怡均/台湾/2006

在设计产品包装的衍生功能的时候，还应当充分考虑终端用户的实际需求，设身处地地去思考目标用户在实际使用包装及其产品的时候会遇到的具体问题，从而找出需要被设计出来的第二功能。所以，产品包装衍生功能的设计并不是盲目的、随机的花边点缀，而是具有在深入研究的基础上发展出来的实际使用意义的。其目的是为了帮助用户更便利地使用产品或者给用户以更好的使用体验，从而推动人们生活方式的发展。

我们应当针对产品的属性特征，设计出最适合的包装衍生功能。并根据其衍生功能的物理要求，综合考虑选择恰当的包装材料、形态和结构。在这个过程中，往往要经过多方尝试和测试，才能找到最理想结合方式。

3）产品包装艺术品化提高产品附加值

包装艺术品化从某种程度上来说也是实现包装衍生功能的一种方式，但由于艺术品是一个比较特殊的产品，它的使用价值不在于对人们物质层面需求的满足，而在于丰富和促进人们精神领域的生活。它的使用寿命不受物理条件的限制，可以无限地影响人们的精神世界。基于它的这种特殊性，我们把包装的艺术价值从其他的衍生功能中独立分化出来。

对应于艺术形式的多样化，包装的艺术品化也有多种形式，但大致上可分为二维艺术品化和三维艺术品化两种。

二维的艺术品化顾名思义是把产品包装在二维平面的形式上转化为艺术品的方法。这种方法通过把二维形式的艺术品，如绘画、插图、摄影等艺术作品代替通常的商业图形及信息印制到包装的表面，赋予包装以艺术性，使其分享并拥有被复制的这些艺术品同等的艺术欣赏价值，从而也成为"艺术品"（图2-125）。由于包装表面原来的商业信息被艺术作品所替代，产品的商业性无疑是被削弱了。因此，这种包装不适合普通的日常消费品的常规销售。大多数情况下，这种包装是作为限量版来推动产品各种各样的商业活动的。有时候，这种方法也

图2-125 可口可乐Jean Paul Gaultier限量版/Jean Paul Gaultier/让·保罗·高缇耶/法国/2013

图2-126 INQ手机包装/清水裕子/美国/2009

年轻、充满活力的街头风格的插画赋予了这个手机包装现代艺术性。设计师试图通过艺术创造一个美的物品，来传递其品牌的理念风格并使人振奋，同时希望人们能够"留着它，继续用它，并珍惜它"。

会被用来设计一些奢侈品的包装，因为在很长的时间内，艺术都是上层阶级所专享的奢侈品。一些由著名艺术家设计的包装（表面艺术），往往在拍卖会上拍出远远超过产品价值的天价，而被艺术爱好者收藏。

包装三维的艺术品化是指把包装设计成三维艺术的形式，如雕塑或工艺品。由于这种包装常常涉及一些特殊的生产工艺和材料，而特殊的造型也往往要耗费比普通包装更多的用材，所以会使其包装的生产成本大幅度增加。因此，这一设计手法更多地出现在如香水或高档酒类这一类的奢侈品包装中。事实上，这类产品的高附加值也正是来自于其包装的艺术性（图2-126至图2-128）。当然，这并不妨碍它有时作为日常消费品的限量版包装出现在市场上。

随着电子艺术的出现，包装的艺术形式也出现了电子化（图2-129）。这种以现代电子技术为基础的包装虽然在目前的生产水平和市场情况下还很难普及，但我们有理由相信，随着科技和社会的发展，在不久的将来，包装的电子艺术品化也会像电子艺术的发展一样，成为包装艺术品化设计中的一个重要部分。

由于艺术品的价值很难像其他的实用价值一样来具体量化，所以，在所有的提高包装附加值的方法中，产品包装艺术品化所带来的附加值增值空间是最大的。

由法国著名的时尚设计大师 Jean Paul Gaultier 让·保罗·高缇耶设计的依云矿泉水 2009 限量版系列包装，个个都是精美的艺术品。依云的限量版曾拍出了 23000 元美金一瓶的天价。

图2-127 依云矿泉水限量版/Jean Paul Gaultier/让·保罗·高缇耶/法国/2009

图2-128 依云矿泉水限量版/Jean Paul Gaultier/让·保罗·高缇耶/法国/2009

图2-129 Nokia N900诺基亚骇客限量版/wieden+kennedy,UK/韦柯全球之英国/英国/2009

训练一：产品包装设计

诺基亚的"骇客"限量版包装是真正包装中的"骇客"。因为如果不能借助 USB 线接通电脑，并输入指定的解码，根本就无从知道如何打开这个漂亮又神秘的立方体——除了一个小小的迷你 USB 接口外，在这个钢琴烤漆的立方体上找不到任何东西。接入电脑，输入特殊解码，黑色立方体自动弹开，露出秘密空间……是不是像电影里一样酷呢？

训练二：推广产品的视觉设计

设计案例： 企业作品案例："因地制宜"的创意："随时随地控制你的家"系列广告

相关知识： 1）视觉设计的基本规律
2）不同形式视觉设计的特点

训练目的： 通过作业，使学生认识到与产品周围的这些视觉设计形式的共同点以及各自的媒体特点。

作业要求： 结合训练一项目，从视觉设计的角度阐述包装设计目的和形式特点，并将设计和制作过程的记录以设计报告的形式呈现出来。

项目时间： 26课时 + 课外时间

相关作业： 1）收集三种以上不同类型产品品牌的样本，分析视觉形式与产品设计风格之间的关系。
2）根据自己作品包装的产品，收集与之相关类别的产品广告，指出产品特点是如何通过创意表现来传递给受众的。
3）思考：面对要求传递丰富信息量的设计要求时，你会在视觉表达上作如何处理？
4）分析生活中接触到那些新媒体的传播特点和视觉表现特色。

作业程序：

任务1：根据训练一的结果，整理出训练一中包装设计的理念。

任务2：收集整理训练一项目设计过程中每一个阶段的思考、推敲、进展直至最终目标完成时的文字以及照片记录。

任务3：根据任务1得出的结果，制定出本设计报告项目视觉形式的风格方向。

任务4：根据任务2整理出的内容信息，列出信息次序，并综合运用视觉传达的基本规律做出相应的视觉次序方案。

任务5：根据任务3设计出五种以上不同形式的视觉风格草案（以封面和2页至3页内页为草稿表现对象）。

任务6：在任务5的结果中选择一种方案进行设计报告的整体设计制作，并说明选择理由（好看不能作为理由）。

任务7：在设计报告的基础上设计风格一致的演示版面，列出版面中视觉信息的次序级别，并具体说明排序方式，如大小、色彩等。鼓励综合运用视传规律的因素。

任务8：结合任务6及任务7的结果，对训练一的结果进行演示性演讲。

设计案例

企业设计案例："因地制宜"的创意
设计项目："随时随地控制你的家"系列广告
设计单位：Garbergs, Sweden ／嘉博斯广告公司，瑞典
客户：Fortum 电力能源公司
发布时间：2013年

无论是户外广告，还是报刊杂志广告，对观众来说，都是强制被动接受的信息。在这种背景下，如果广告不能凭借绝妙的创意引起观众的兴趣，使他们乐于接受广告信息的话，那么，这则广告就很可能会被观众忽视而白白浪费制作和发布的成本，更糟糕的是，广告创意如果流于恶俗，甚至还有可能遭到观众的厌恶，进而讨厌该广告产品，结果是南辕北辙。因此，对广告来说，出人意料又合情合理的创意是其赢得观众的核心力量。

Fortum 是总部位于芬兰的一家电力能源公司。这一次，Fortum推出了一个新产品——用户可以通过手机随时随地地控制家中的家用电器（图2-130）。哪怕是身在异国他乡，用户要打开或关闭家里家用电器的开关就像是亲身在家里操作一样方便——甚至更方便，因为甚至不需要走到遥控器的工作范围内！嘉博斯广告公司的一系列创意就是围绕着这个诉求点展开的。

我们的大脑在处理习以为常的信息时往往会采取忽略的政策，这也就是为什么人们常常"视而不见"。反常规的视觉信息会第一时间引起大脑的注意，这也是人类作为动物时大脑为自我保护而作出的条件反射式自然反应。在这个案例中超长的手臂就是这个反常规因素，使得这个广告可以第一时间抓住人们的注意力。而广告的内容又是绝大多数母亲关心并认同的话题，情节设置合情合理，诉求点直击这类消费群体的心理需求——随时随地控制孩子和电视机，从而引起消费者的共鸣。最妙的是，这则创意利用了杂志本身的特点——对页，立即给这则广告加入了空间蒙太奇的视觉效果，使本来只是延长了一倍的手臂在观众看起来真的穿过了诊所，穿过了马路，在路人诧异的目光下一路回到家，在目瞪口呆的孩子们面前关闭了电视，让他们再也不敢偷偷看电视。

在广告公司的实际情况中，客户要求设计制作多个不同媒体的广告是司空见惯的常事。同一创意设计经过版式

这是一组对页的杂志广告。右边的画面中宽大的沙发上露出两个小小的脑袋，而对面则是处于开关瞬间的平板电视机。很显然，假期到了，孩子们都喜欢躲在家里看电视。左边的画面中，孩子们的母亲——一位忙碌的牙科医生正不得不耐心地面对她年轻的病人。我们可以想象，失去了家长控制的孩子们会怎样无休止地看电视。作为一名有责任心的母亲当然不会让这发生。Fortum 公司的产品居然神奇地把这位母亲的手臂延长，一直穿过杂志的中缝，从牙科诊所中伸到家里的电视机旁，当着孩子们的面关闭了电视！

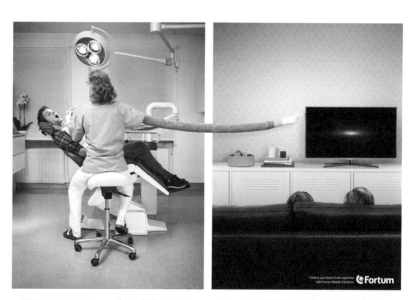

图2-130　Fortum杂志广告/Garbergs, Sweden/嘉博斯广告公司/瑞典/2013

上的轻微调整就使用到不同的广告媒体上是广告公司常用的省力手法（图2-131至图2-134）。这种偷懒的行径一旦处理不好，就会很容易在客户那里遭到减分，为客户要求减少设计费用留下口实。聪明的做法是结合不同媒体的具体特点，再融合进创意点，做到各个不同媒体的广告既有视觉元素上的统一感，又有媒体特点的新鲜感。

广告的核心自然是创意，但是任何绝妙的创意都离不开巧妙的视觉元素的表现。美感是所有设计的基本要求，而不是终极目标。广告中的视觉表现是为了完美体现创意的巧妙，吸引观众的注意力，准确传达广告诉求，促使观众产生消费欲望。

每一个广告媒体都有其自身的特点，广告的环境、尺寸大小、版面比例、观众的阅读方式都因为媒体的不同而不同。这些不同可以成为设计师视觉形式表现上的束缚，也可以成为出众广告点睛之笔的实现条件。深入了解并理解各个媒体的物理特点和传播特性，以及广告创意的核心要点，才能达到视觉表达和创意的完美融合，设计出富有特色的广告，而不是词不达意的艺术作品。

图2-131　Fortum杂志广告/Garbergs, Sweden/嘉博斯广告公司/瑞典/2013

男人通常对孩子的控制欲没有女人那么强，同样的广告内容，可以打动母亲们的心，却未必能打动那些上了年纪的单身汉。右边这则广告的创意点没变，但主角换成了一个老光棍。男人们通常都比较粗心，急着去约会的老光棍就更容易忘记关灯。等到想起来，又不能立马起身回家关灯；想想家里没人却开着灯，如此浪费，又无法安心约会，真是纠结之至。同样的创意点，Fortum再次神奇地延长手臂。长臂资深单身汉"身在派对手在家"。

杂志广告打开最多2个页面，地铁里情况就不一样了。面对一长排的广告牌，占的位置越多，广告面积越大当然就越引人注目。相比设计制作5个不同内容的广告这样劳心劳力的方法，嘉博斯公司套用了长臂单身汉的内容，只是这次，我们这位先生的手臂跟着广告牌周游了一圈世界。

图2-132　Fortum杂志广告/Garbergs, Sweden/嘉博斯广告公司/瑞典/2013

广告内容的选择也应当考虑到所承载媒体的具体特性，如广告媒体所处的环境，媒体所面对的特殊人群等因素。

地铁是交通工具，地铁站的人们大多都行色匆匆。现实中紧张快速的生活更能够激发起人们对悠闲时光的向往。因此在地铁站放上与环游世界相关的广告是最合适不过了——虽然很可能没有人愿意坐地铁去周游世界，但满足人们心理需求的画面总能让人为其驻足。

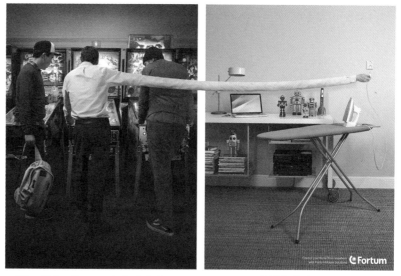

图2-133　Fortum杂志广告/Garbergs, Sweden/嘉博斯广告公司/瑞典/2013

从右下方报纸的图片内容可以猜出这是份针对年轻人的电子时尚咨询类报纸。考虑到媒体受众群体的特殊性，以年轻白领男士为表现对象的广告内容则最为适合出现在这里。如果不考虑媒体的具体情况而随便放上"牙医母亲"或者"长臂单身汉"的广告内容——在视觉形式的设计上完全没有任何问题——那么这则广告就不能有效地传播给目标受众，从而事倍功半，浪费广告支出。

图2-134　Fortum杂志广告/Garbergs, Sweden/嘉博斯广告公司/瑞典/2013

1. 信息传递的基本规律

信息传达次序性的规律是以人类视觉形成的自然生物规律为理论基础，并结合人脑对视觉信息的接收加工方式的理论而发展出来的。这些知识在人机工程学中都有详细的介绍，有兴趣的同学可以看一下其中与视觉相关的章节。

我们的视觉流向通常是从左到右，自上而下，顺时针方向进行的。横向信息传递快于纵向信息传递。视觉流向还和阅读习惯有关，中国古人就习惯于由上而下，从右至左。现在除了阿拉伯国家的文字仍是从右到左阅读之外，绝大多数国家和地区的人都是从左到右，自上而下地阅读。

由于人类视野自身的局限，人眼能够清晰阅读的静视野，即中心视力范围在3°~25°，超出这个范围，视觉信息传播的速度就会受到影响。如果视觉信息在视野中小于1°或横向大于90°，纵向大于60°的话，就会影响视觉信息传播的完整性（图2-135）。

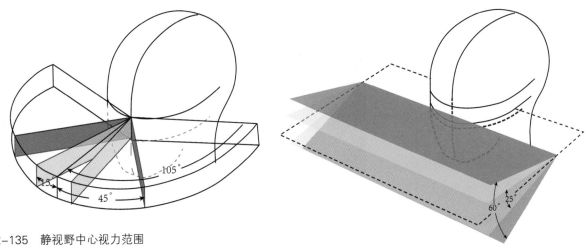

图2-135 静视野中心视力范围

另一个影响视觉传递的物理因素是光。在图形与文字的视觉设计中表现为色彩。人眼可视的七色光的波长从长到短依次为红、橙、黄、绿、青、蓝、紫。所以在明亮的自然环境下，红色信息的传递速度最快。因为自然光本身就融合了七色光，所以在此环境中白色信息传递速度最慢。

除了上述内容，能影响视觉信息传递速度的因素还有大小。在我们的中心视力范围内，视觉信息越大传递的速度就越快，反之亦然，较小的信息传递也较慢（图2-136）。无论是图还是文字，利用大小来设置视觉信息的次序是最常用的设计手法。

① 排列
人眼作为人机体的一部分，天生具有一定的惰性。越是排列简单的信息就越能快速被人眼识别。例如，我们阅读直线排列的文字就比阅读曲线排列的文字要快。对文字和具象图形来说，其排列的方向性也对传递速度有着重要的影响。垂直方向水平排列的信息被人脑接受的速度最快，旋转180°以内的信息次之，旋转角度超过180°的信息被接受的速度最慢（图2-137）。抽象图形不受方向性限制。

② 对比度
对比度指的是视觉信息与周围环境的明亮度的反差值。自然界中，光线越强其明度越高，反之则明度越低。去除不同波长（人眼看到的色彩）对视觉的影响，现代印刷术中用黑白灰来表现明度对比度。明度关系越强烈信息传递的速度就越快，对比度如果降低到零，信息就会与背景融为一体而无法被识别（图2-138）。

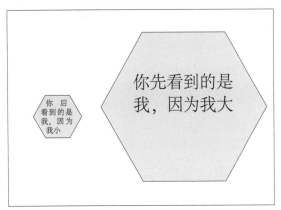

图2-136 视觉传达规律之大小

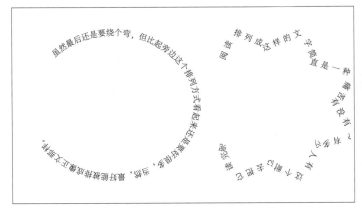

图2-137 视觉传达规律之排列

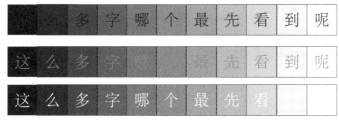

图2-138　视觉传达规律之对比度　　　　　　　图2-139　视觉传达规律之色彩纯度

③ 色彩纯度

纯度也被称为色彩的饱和度。我们知道当一个物体反射全部七色光波的时候，这个物体呈现白色，如果吸收了全部光波则呈现为黑色。因为我们所看到的物体反射七种光波的比例不同，所以我们的世界才是色彩缤纷的。色彩的纯度与光线强弱和不同光波的分布有关。通常单波长的强光所呈现的纯度最高。在光波强度（视觉中表现为色相）不变的情况下，光线越弱则纯度越低。黑白灰的色彩纯度为零，因此传递速度最慢。纯度越高，信息传递的速度就越快（图2-139）。

④ 动静

相对于静止的东西，动物的眼睛对会动的东西更敏感，也更能引起身体功能的各种反应，这是动物的自然条件反射之一。这也就是为什么电视总比照片更引人注目的原因。在静止的图形或图像中，也可以表现出动感。通常来说，不对称形比对称形动感更强，不规则形比规则形更具有动感（图2-140）。

⑤ 图与文字的关系

所有的视觉信息元素最终都表现为图和文字两大类。大脑以形象思维的方式处理图形图像信息，以抽象思维方式处理文字信息。形象思维是人类最先发展出来的思维方式，也是最原始的思维方式，如婴幼儿的思维。在此基础上，随着进一步的学习才能发展出抽象思维。抽象思维比形象思维更高级也更复杂，因此人脑在进行抽象思维活动时所需的时间比形象思维的时间要多。正因为人脑对图和文字信息处理方式的不同，才使得图形图像信息的传递速度比文字信息要来得快速的多（图2-141）。

⑥ 常规与反常规

在自然界中，当动物进入一个新环境时通常神经会处于紧张状态，以便身体各项功能能够对外界变化做出迅速

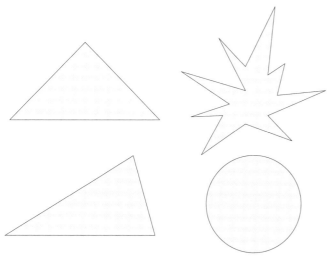

图2-140　视觉传达规律之动静

枫叶已经红透了，被灿烂的阳光照得分外可爱。湛蓝的天空纯得似乎要滴出水来，衬着那高耸的埃菲尔铁塔。阳光把塔身镀上了一层金黄，悄悄地就把奢华以巴黎式的低调渗透到了这浪漫的秋色中。塞纳河上的游船静静地靠在河边，陪伴着铁塔脚下的丛丛绿色。请问你读完这段文字用了多久？识别上图的内容又用了多久？

图2-141　视觉传达规律之图文关系

反应。当适应新环境后，身体功能的惰性就会显现出来，对熟悉环境中的感知和反应更多地依赖于记忆储存和经验。这也就是为什么我们往往会对熟悉环境中的事物视而不见。但是，一旦这个熟知环境中的常规事物发生异于寻常的变化，大脑就会立刻恢复警觉。这是一种为自我保护所做出条件反射的动物本能。人类虽然已经是地球上最为发达的动物，但仍保留有这种本能。因此，异于常规的视觉信息内容更能引起人们的注意（图2-142）。

图2-142　视觉传达规律之常规与反常规

⑦ 信息量

眼睛只是视觉信息的接收器，大脑才是感知信息的处理机。当视觉信息的生物信号通过视神经传递到大脑中，我们才能感知到信息的内容。视神经就好比是通往大脑的高速公路，而各种视觉信息就是在公路上飞奔的车辆。除了图和文字本身内容信息之外，其表现出来的视觉形式，如形状、色彩、编排方式等也都会作为视觉信息被转化为生物信号通过视神经传递给大脑（图2-143）。视觉形式越是丰富，视神经所要传递的生物信号就越多。路上的车越少，就可以越快到达目的地，车流量越多，车速就越慢。如果车流量超过路面所能承载的范围，就会引起交通堵塞。同理，越是简洁的版面编排其识别速度就越快。

图2-143　视觉传达规律之信息量

2. 不同形式视觉设计的特点

1）样本

在第一章中我们已经介绍过样本的几种形式，这里，我们将要具体讨论样本在视觉设计上的一些特点。就像之前所介绍的，电子文本式样本在平面的视觉设计上和传统纸质样本没有太大区别，我们将其归为一类来讨论，而应用程序式的样本将不在我们的讨论范围内。

样本在所有推广产品的视觉形式中所要传递的与产品相关的商业信息最为丰富，常常还会包含大段的文字信息。与广告相比，样本更像是书籍；与书籍相比，它又更多了商业化了的艺术气息。但无论如何，样本是为了介绍产品而存在的，它的整体视觉风格都应该和产品的设计风格相呼应。

通过对视觉传达的基本规律的学习，我们知道信息是如何依次传递的，又是如何被干扰的。在信息相对较少的情况下，活跃的版式、强烈的视觉冲击能够使受众的视觉神经兴奋。但连续不断的兴奋则会令视觉神经很快疲劳，使人烦躁，失去继续观看的耐心；另一方面，版面的编排形式作为视觉元素，在客观上也会被作为视觉信息传递给受众，在版面信息内容本来就较多的情况下，如果再加上视觉形式的信息，就很容易产生视觉次序上的混

图2-144 是比利时的玩具样本，整体的色彩上采用了天然浅色系，给人以柔软、温馨的感觉。图中所出现的图形——不管是文字框还是产品图框，都选用了圆角，避免了在受众心理上造成尖锐、强硬的印象，从而引发对产品的不安全感。所有的装饰细节设计，例如卡通的装饰人物形象躲在信纸后面偷偷张望的动作细节，斜排的文字及信纸，都体现出产品使用对象的特点——天真、可爱、活泼——所有妈妈都希望在自己孩子身上看到的样子。图2-145 宝马车的样本则表现出理性、硬朗，又不失动感的时尚风格。图片的色彩浓郁、强烈，配合版面编排的直线和锐角，它的图像语意在情感上传递给受众这样的信息：这是一辆结实、严谨，同时又性感的车。即使是图片上方的装饰性分隔线也一样沿袭了这种风格，释放出同一种信息气氛。

样本的视觉风格是由相关产品的特点风格决定的。在设计样本的时候必须尊重产品本身的特性，以及目标用户的心理特点，并把这些因素借由视觉元素表达出来。

图2-144 Lilliputlens婴幼儿玩具PDF样本/2011

训练二：推广产品的视觉设计

图2-145 宝马1系列敞篷车PDF样本/2013

乱，造成信息拥堵。样本中含有大量的产品信息，设计时的一项重要工作就是给这些信息进行排序，以便它们能够被顺利传递出去，而不至于"交通堵塞"。因此，样本的版面形式上不适合太多变化，也不适合添加太多的装饰因素。绝大多数的样本的版面编排都是在"井"字形版式的基础上进行变化的（图2-146）。

相对于电子样本的虚拟化信息，传统的纸质样本的物理实体形态会给受众带来更多的实际感受体验。在这一点上，样本和书籍装帧设计有更多可以分享的东西。事实上，样本在这方面应该比书籍装帧有更大的发挥空间，毕竟，和大批量发行的出版物相比，样本，特别是传统实体样本的制作量要小得多；另一方面，在信息数字化的现代生活中，实物样本越来越集中到高端产品的市场上。在这样的背景下，实物样本的功能意义已经不再局限于传递信息这样的基本功能了，更多地作为高端产品推广活动的产品而具有自身的收藏价值。这一切，都为样本装帧艺术化提供了发展条件。

虽然电子样本正在逐渐兴起，但我们有理由相信，传统纸质样本凭借其特殊的媒介特性，是不会退出历史舞台的（图2-148至图2-151）。

汽车是一件非常复杂的产品。像宝马车这样高端的产品更是功能齐全。这些都是样本中需要表达的内容。图2-146的这一页内容都是关于宝马这款敞篷车的信息功能的特点。六张尺寸中等的图片加上文字，要处理的信息已经相当多。视觉元素上的简洁首先保证了所有信息传递的快速，准确，清晰。理性的、整齐划一的表现方式也与汽车这一产品的特性相呼应。

尽管作为车的样本，视觉形式上不适合做的太感性，但在宝马的整本样本中还是时不时地出现一张在理性编排上做了感性处理的图片。这一方面避免了理性派产品样本变得刻板，起到了调和剂的作用；另一方面也借着样本自身媒体，做了一次免费的杂志广告。

和感性的版式一样，理性、简洁的版式虽然功能性极强，但多次反复出现后，就会变得枯燥。在样本中，特别是页数较多的样本中，交替使用感性和理性的方法来制造视觉变化，使整本样本在形式统一的前提下富有变化，得到平衡，以此来适时帮助受众减少视觉疲劳是十分重要的（图2-147）。

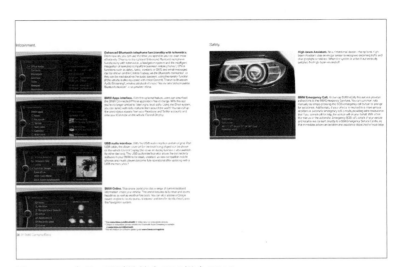

图2-146　宝马1系列敞篷车PDF样本/2013

图2-147　宝马1系列敞篷车PDF样本/2013

书籍装帧是一门历史悠久的独立艺术学科。书页折叠的方式，书册装订线的走向，封面所用的材料以及书内页的翻阅方式，所有这些因素中任何一项的变化都能在视觉形式上带来令人惊喜的效果。善用这些技法，使样本的物理形式艺术化，实体型样本才能在电子化的时代保留有生存和发展的空间。

图2-148　样本装订之折页

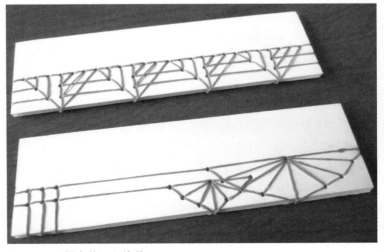

图2-149　样本装订之线装

图2-150 样本装订之内页

图2-151 样本装订之封面

2）广告

通过第一章，我们已经了解到对受众来说，除了微网站之外，其他的广告都是被动接受的信息。任何事物，在被动的状态下效率都是不高的。要提高广告的效果，就必须让广告引起受众的兴趣，使人们愿意甚至主动去看。那么，在第一时间内抓住受众的注意力就是广告信息能否完整传播的先决条件之关键所在。失去了这个关键的条件，广告就会迅速被观众忽略过去，从而失去受众，导致无法传递出所有的广告信息。在这个条件中涉及了2个信息因素：速度和内容。速度是指要在受众选择放弃之前把第一信息传递出去，赢得传递第二信息的时间；内容则是指所传递出去的第一信息要能够打动受众，吸引他们的注意力，使他们对广告产生兴趣，从而赢得传递第二信息的机会。

说到速度，我们知道图像信息的传递速度比文字信息要快得多。这也是为什么大多数的广告都是以图说话，即使是用文字创意的广告也是把文字进行了图形化的处理，说到底还是当图来使用。而内容，就不得不谈到图形图像的语意了。

图形图像的语意是指图形或图像所表现出来的视觉形式，经由人们在想象空间中的加工，最终形成的图形或图像中并没有具体表现出来的内容含义。从

图2-152 Batelco电信杂志广告/Unisouo，Manama，Bahrain/巴林/2013

图2-153 Batelco电信杂志广告/Unisouo，Manama，Bahrain/巴林/2013

图形图像的具体形象来说，它所能表达的内容是非常有限的，且局限于具象物体的范围。但人类大脑的不同之处就在于能够赋予具象的图形图像以抽象的含义，把抽象的思维转化为具象的文字。而前者的结果就是图形图像的语意。以简单直观的物质表面现象，传递出更为丰富的隐藏的隐射含意，这就是图形图像语意的作用。

画面中的视觉元素越少，信息传递的速度就越快。制造"意外"，是吸引人关注的必胜法宝。简洁的"意外"就可以赢得"时间"和"机会"。右边的系列广告（图2-152至图2-154）可以说是"言简意赅"。被细微物体击穿的花瓶、面粉袋和橘子瞬间就抓住了受众的眼球。这种好莱坞动作大片中常用的镜头除了在视觉上成功吸引了受众的注意力外，还制造出了扣人心弦悬念——到底发生了什么事？！观众受到好奇心的驱使，就会很乐意把目光继续停留在广告上，试图找出答案。第二信息分别传递出电子文件、音频和视频的图标，当这些和速度联系到一起的时候，我们能想到的就只有"下载"两个字。虽然画面右上角的标志已经给出了强烈的暗示，最终的答案还是在左下角的文案中被揭晓的：Batelco的光纤家用宽带让你用光速下载。

图2-154　Batelco电信杂志广告/Unisouo，Manama，Bahrain/巴林/2013

因为图形图像语意是要经过人们的想象才能生成的，因此，对同一张图，有着不同文化背景和不同生活经历的人有可能解读出不同的含意。因此，我们在设计任何广告作品的时候，都应该考虑到广告的投放范围，注意广告内容是否会因人们的解读方式不同而在不同的区域产生歧义。但总体上来说，图形图像语言就和肢体语言一样，是可以通行世界的。所以，事先了解投放地的文化背景就可以有效避免使用可能产生歧义的图形图像语言元素。

图形语言是广告最主要也是最重要的视觉语言。既然广告是依靠图形语言来表达信息的，那么，广告中出现的所有图形图像都和文字信息一样，是为了传递特定的某个广告信息而存在的，是为了广告信息传递的完整性而

图2-155　Makita 电动工具招贴广告/李奥贝纳/德国/2012

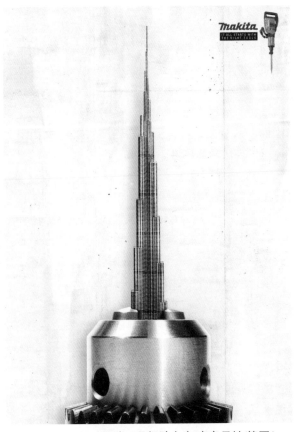

图2-156　Makita 电动工具招贴广告/李奥贝纳/德国/2012

项目："摩天大楼"电动工具招贴广告
设计单位：Leo Burnett, Dusseldorf, Germany ／李奥贝纳，德国
客户：Makita Power Tool
发布时间：2012 年 6 月
所得奖项：Cannes Lions 2013 Outdoor Lions Posters; Home
Appliances, Furnishings, Electronics & Audio-Visual Bronze
　　　　One Show 2013 One Show Collateral / Posters-Campaign Merit
　　　　2013 戛纳广告节户外招贴家电类铜奖
　　　　2013 One Show 广告节招贴系列杰出奖

　　Makita 是世界电动工具的领导者，其产品的卓越性不容置疑。仔细看广告中巨大的电钻头，原来都是世界各地著名的摩天大楼。图 2-155 至图 2-159 它们分别是：德国第二高楼——法兰克福的 The MesseTurm；世界第一高楼——阿联酋迪拜的 Burj Dubai 比斯迪拜；纽约地标，著名的曼哈顿帝国大厦——Empire State Building；伦敦地标，外形酷似导弹的"黄瓜楼"——The Gherkin；以及科威特境内的 Al Tijaria Tower——科威特贸易中心。无需任何多余的元素，这些酷似钻头的著名建筑完美表达了产品品牌的世界领导地位。

训练二：推广产品的视觉设计

图2-157　Makita 电动工具招贴广告/李奥贝纳/德国/2012

图2-158　Makita 电动工具招贴广告/李奥贝纳/德国/2012

图2-159　Makita 电动工具招贴广告/李奥贝纳/德国/2012

必须出现的有实际功能和意义的信息。广告中的信息都是为了推广宣传产品而设，它的图形语言所表达出来的含义也必须是以广告产品为内容的。在这里，我想强调的是，广告中的任何一个视觉元素，点、线、面，任何的色彩或图像都是有其功能性的，是为了表达强调广告产品的诉求点而存在的，绝不仅仅只是满足形式美感的需求的没有意义的装饰点缀。任何没有实际意义的图形图案都应该从广告画面中被去掉。

和样本一样，广告也正受到来自新媒体的强烈冲击。正如我们在第一章中所介绍的，为了生存和竞争，国际上的各大广告公司纷纷向新媒体广告转向。我们在前面同时也提到了传统广告的媒体特性会使之得以留存在广告市场。这里的媒体特性指的就是这些传统的广告媒体在现实生活中实际存在的物理形态。实体化这一点是传统

图 2-160 中的户外广告位于藤蔓交错，杂乱无章的环境中。也许对很多广告商来说这都是一个非常糟糕的广告环境，但在阳狮德国部的眼中，这恰恰为他们的客户 Tondeo 提供了绝佳的广告环境条件。因为在这样一个环境中，如果这些藤蔓的枯枝穿透广告牌生长出来也是合情合理的事。借由这一环境特色，阳狮德国的广告人员成功地把"鼻孔里长出疯狂藤蔓枯枝"这样不合情理的事顺理成章地变得合乎情理，同时给广告带来了戏剧化的效果。这一表现不但令人过目难忘，更用夸张的手法强调了不修理鼻毛的后果，点明了人们对广告产品——迷你鼻毛修剪器需求的诉求点。

图 2-161 则向我们展示了如何利用物体的物理特性让平淡无奇的户外广告变得神奇的过程。马牌圆珠笔是市场上墨水含量最大的笔，但这一点并不是那么直观地就能被消费者看到，大多数时候消费者只是简单地要求买支笔而不会在意品牌。广告商所面临的挑战就是要在传统形式的户外广告上直观地表现出马牌圆珠笔的优势特点——可以一直连续不断地书写。但连续不断是个在时间概念下的动态过程，很难用印刷的传统平面方式来表达。泰国麦肯的创意是在广告牌笔端的位置固定一根蓝色的线，线的另一端则固定在广告牌的边上。这样，每当有风吹过的时候蓝色的线就会随风舞动，看起来就好像这支巨大的笔在不停地书写一样。

图2-160　Tondeo迷你鼻毛修剪器/阳狮/德国/2012

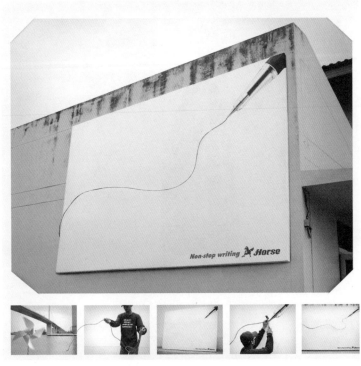

图2-161　马牌圆珠笔户外广告/麦肯/泰国/2011

媒体赖以保证其生存地位，新兴的电子媒体所无法企及的独特优势。利用广告自身的物理特点以及广告周围环境的具体条件特点进行创意，可以创造出更有真实感的广告，不仅带来新鲜的视觉体验，更能在生活越来越虚拟数字化的今天，在产品广告与公众之间建立起真切的情感联系。

我们在前面说过，好的广告需要制造"意料之外，情理之中"的事件。在第一个案例中（图2-160）广告创意本身已经是"意料之外"，但不合情理，借用环境的特点，使得这则广告在特殊的环境中变得合乎情理。而在第二个案例中（图2-161），广告所要表现的内容是合情合理的产品特点的真实写照，而所缺少的正是"意料之外"的亮点。广告商利用了户外媒体的实体性以及环境因素——风，创造出了"意料之外"的事件——印刷在广告牌上的笔会不断书写。

虽然视觉信息传递的规律是不变的，但视空间的环境和条件却是不尽相同的。这些环境和条件的变化因素直接影响信息传递的效果，可以使同样的视觉信息传递方式有完全不同的传递结果。广告的不同媒体具有各自不同的物理特点、传播范围和传播方式。不同的实体特性决定了受众的不同阅读条件和方式，而这些则是影响广告传播成功率的第一因素。考虑媒体的不同阅读方式从而设定适合的视觉元素并相应调整编排方式是十分重要的。

户外广告通常都设置在路边。人们在步行，甚至行车的过程中视觉神经能够真正关注广告的时间是非常短暂的，在有限的时间内视觉神经能够额外接受消化的信息也是十分有限的。因此，户外广告在信息级别的设置上少有超过2级的，这是其一。其二，户外广告的尺寸一般都比较大，属于远距离阅读的广告，因此户外广告上的视觉元素在画面比例上不适宜太小，否则就很容易被忽视而达不到传播信息的目的。其三，在户外广告的阅读环境中，受众的信息接收量有限，因此户外广告中的视觉元素不宜太多，应以简洁为主，以免造成信息传递的堵塞。

杂志广告的特点则与户外广告刚好相反。人们通常都是在时间相对宽裕的情况下阅读杂志，休闲放松的心态也更有利于读者接受广告信息。杂志最常见的开本为A4，也就是杂志广告的常见尺寸（当然，在此基础上也有更小或更大的尺寸）。杂志广告属于近距离阅读的广告，因此杂志广告中可以有较小的视觉元素，但不能太小——以文字为例不宜小过6级。这是其一。其二，因为杂志广告的读者有相对充裕的时间来接受信息，因此杂志广告的信息可以有较多级别的设置（图2-162）。其三，相比户外广告，杂志广告可以包含更多的视觉元素信息。但仍应做到简明扼要，太过啰嗦只会使读者失去阅读兴趣。

图2-162　博朗电子表杂志广告/BBDO/德国/2013

3）网页设计

Mathieu Gosselin / 麦秋·古瑟朗

来自法国的麦秋·古瑟朗是Psykosoft蜂软互联网应用软件公司的CEO。在他成为CEO之前，曾为耐克、福特、雷诺、诺基亚、芭宝丽等国际巨头创作了众多的微网站、社会媒体网站和产品推广网络游戏，也曾为SAP这样的商业软件巨头设计开发程序，是位艺术创意和科学技术兼备的"疯狂程序员"，曾多次获得像Webby威比奖这样的世界网络技术大奖，更是麻省理工媒体实验室的座上宾。当"疯狂程序员"变身为实干型的"疯狂船长"，麦秋驾着蜂软这艘富有个性的海盗船带着它的明星程序员团队从英国到美国再到法国，一路建立了分公司。旗下精英程序员遍布欧美两大洲。

1. Definition:

Web design is the design process of creating websites. It encompasses many different skills and disciplines such as graphic design, interface design, copywriting, and user experience design.

Web designers are expected to have an awareness of usability and have knowledge of current web standards. Often web designers are expected to know about HTML and CSS and integrate these into the design themselves.

2. Brief History:

The web was created in 1988 as a way to share text pages. The first version was only text based and had no images or sound available. As the web evolved so did web design.

① 定义

网页设计是创造网页的设计过程. 它包含了许多不同的技巧和学科，例如平面设计、界面设计、文案和用户体验设计等。

网页设计师需要对网站的易用性有一定的认识并且具有最新网络标准的知识。通常网页设计师要懂得HTML和CSS的知识，并且把这些编程知识融合到设计里去。

② 简史

网络在1988作为一种分享文字页面的途径出现在世界上。最初的版本仅仅只是以文字为基础，无法使用任何图像声音。随着网络技术的发展，这些我们都已经做到了（图2-163）。

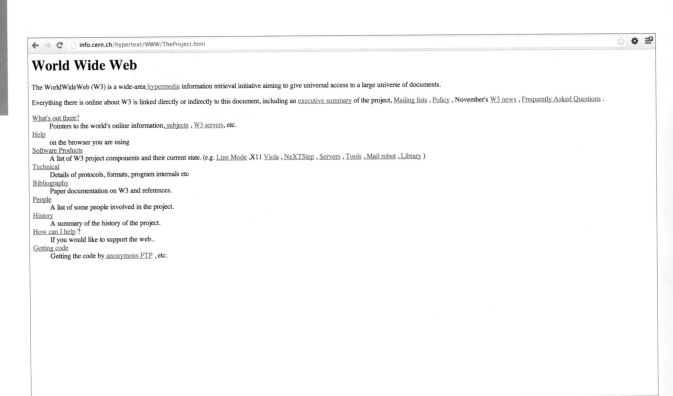

图2-163　The first website from CERN, as of November 1992/来自于CERN的世界上第一个网站，发布于1992年11月

Web pages now allow images, sounds, videos, and also fully interactive experiences. Much of this was previously delivered via Flash, which is now being slowly replaced by HTML5. Through this, the web has become a much richer domain, requiring a broader knowledge of designers.

3. Purpose of WebDesign
Marketing & communication are the most common purposes of a website. But the goals could be as various as to inform, entertain and promote oneself, product, company or services.

Web design practices are focusing more and more on making the user part of the experience. Which is what we used to call Web 2.0, which sparked the birth of social media.

Rich Internet Applications are a special kind of website. We use this term to designate a whole application that would previously be available on installation and which is now available right in the browser. The web is evolving toward more and more interactivity.

现在的网络技术允许图像、声音、视频甚至完全互动的使用体验在网页上出现。其中大多数的功能以前都是由Flash技术实现的，但Flash现在正在缓慢地被HTML5取代。通过这些技术，网络已经变成了一个比以前丰富得多的领域并需要它的设计师拥有宽泛的知识。

③ 网页设计的目的
在大多数情况下，制作一个网站最普遍的目的是为了市场营销和沟通。但设计的具体目标可以是多样的，例如宣传和推广网站本身或是产品、公司和服务。

越来越多的网页设计专注于用户体验的那一部分。就是我们过去常说的web2.0。它的出现引发了社会媒体的诞生。

丰富的互联网应用程序则是一种特殊类型的网站。那些以前需要被安装在本地电脑上才能使用的应用程序现在被我们用这种方式设计成只要打开浏览器就可以使用的特殊网站。网络在朝着越来越互动的方向进化着（图2-164）。

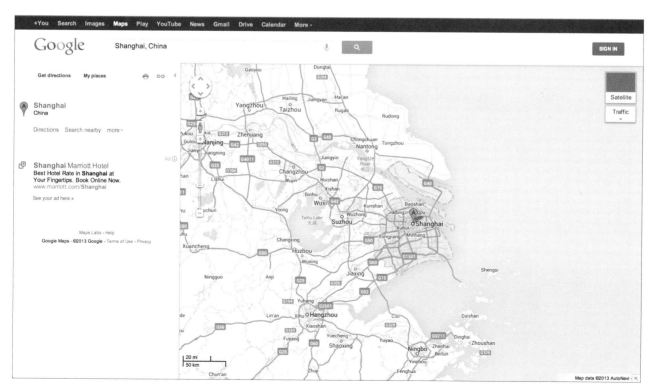

图2-164　Ex: Google maps is a rich application on the web/例如：Google maps谷歌地图就是互联网应用程序

第二章 设计与实训

4. Skills & techniques

a. Marketing and Communication design

Understanding the target market is a necessity. Which colors and theme will appeal to a particular audience using the site is crucial to the site's success. We could imagine different considerations between a site for children and a site for business use. Marketing techniques matter significantly when generating appeal or convincing the user is the goal.

b. User Experience Design and Interactive Design

How a website will be used and How easy it is to navigate and find the information the user is looking for is a primary concern. This involves a fair amount of understanding of human behavior and psychology by the designer. How buttons and elements of the interface will react to the user's input, what is the path to take, how to reduce the steps to whatever the user needs to be done the most often, and even whether or not the user will want to stay on the site are all concerns and goals of the designer.

④ 技能和技术

a. 市场和传达设计

理解目标市场是必要的。那些色彩和主体能够吸引正在使用网站的特定观众是网站成功的关键。我们可以想象得出一个儿童网站和一个商务网站所要考虑的因素是不同的。当吸引和说服用户成为网站的主要目标时，市场营销的策略就显得尤为重要了。

b. 用户体验设计和交互设计

一个网站会被如何使用以及网站的导航和找到用户想要的信息有多方便是设计师首要考虑的问题。而这些就要求设计师对人类行为学和心理学有相当程度的理解。界面上的按钮和元素将如何对用户的输入进行反应，什么才是应该选择的正确方法，怎样才能减少用户在使用常用功能时的操作步骤，甚至用户是否会愿意停留在这个网站上，这些都是设计师在设计一个网站时所必须要考虑的（图2-165）。

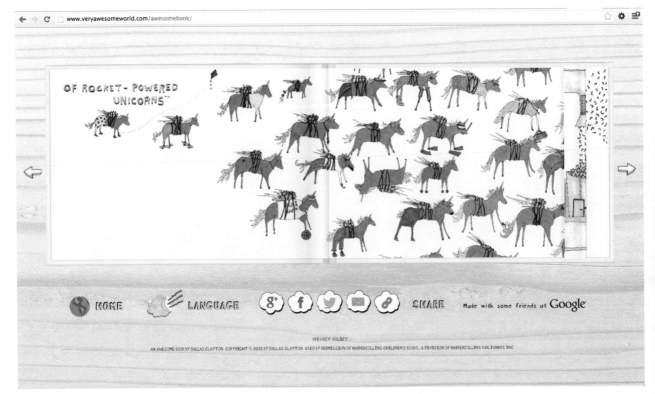

图2-165　Ex:An Awesome Book is an interactive experience/例如，浏览"一本精彩的书"就是一次互动的体验
网址：http://www.veryawesomeworld.com/awesomebook/

c. Page Layout

One of the main constraints of web design is the fact that the website will be seen on a variety of web browsers and screen sizes. It should therefore adapt to multiple situations. In particular with the rise of mobile web which requires websites to be seen on smaller form factors.

How the content repositions itself to adapt to multiple screens is called 'adaptive design'.

d. Copywriting and Typography

Text is still a very important part of the web. The right use of typography, choosing the right font type and size is important for the legibility of the site. This is specially true when disigning for those with visual limitaions or disabilities.Providing good copy is also important for Web designers to be able to convey information in a clear and efficient manner.

c. 网页格式

网页设计中主要的束缚之一就是，事实上网页会在不同的浏览器中被打开，并在不同尺寸的屏幕上显示出来。因此，网页的版式也应该能够适应多种情况。特别是手机网络的兴起进一步要求网站可以在更小的实体形态中显示出来。如何使网页内容能自己调整位置，从而适应多种屏幕尺寸的过程被称之为"适应性设计"（图2-166、图2-167）。

d. 文案和排版

文字仍然是网络中非常重要的部分。使用合适的排版——选择恰当的字体和字的大小对于网站的可读性来说是十分重要的。特别地，当为视觉能力受限制（如老人）或缺失（如弱视）的人群设计网站时就必须格外注意了。良好的文案对设计师来说同样重要，因为它能够帮助网页设计师以清晰有效的方法把文字信息转化为网络视觉信息。

Example of a responsive website. The website content adapts to the screen size./ 这里是一组可以自动识别屏幕尺寸的网站的例子。网站的版面格式会自动调整，以适应不同的屏幕格式。

More than 3 million people use MailChimp to design and send email marketing campaigns. Join them today.

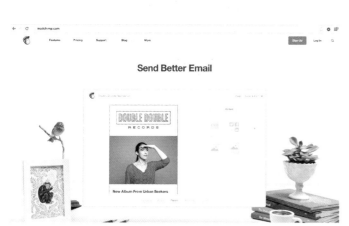

图2-166　http://www.mailchip.com

图2-167　http://www.mailchip.com

e. Motion graphics

Videos and Motion graphics include designing how assets on the screen will react to the user's input. Motion graphics include animations on rollover of the mouse and introductory videos, videos as a tutorial to explain how to use a service, and more. These motion graphics elements are becoming essential to comprehension and in establishing an emotional connection with the user.

5.Summary

The skills required as a web designer are getting more specialized according to the project scale and quality standards. On smaller projects, a web designer is often required to have some common knowledge of HTML/CSS. Sometimes doing both the programming and design. Often a web designer is working in collaboration with a web developer. For larger projects, web design includes several specialized jobs: interaction designer, copywriter, filmmaker, graphic designer, art director...

Great web design

Great web design is about understanding the target user, making a website that is both easy to use and appealing for its market, one that works great on a variety of screens, and can be optimized for Search engines. It involves a lot of different disciplines and as the web evolves and grows, this requires more specialized knowledge.

e.　动画图形

视频和运动图形（图2-168）包括了设计如何使屏幕上有效元素响应应用户输入的方式。运动图形包括了鼠标点触时产生的动画以及介绍性的视频和讲解如何使用一项服务的视频教程等。这些运动图形元素正在变成理解网站内容以及在网络与用户间建立起情感连接的必不可少的部分。

⑤ 总结

对网页设计师所需要技能的专业化要求是随着其项目规模和质量标准的变化而改变的。在小项目中，网页设计师常常需要有一些关于HTML和CSS的常识，有时需要既编程序又做设计。对于较大的项目，网页设计的工作则加入了更多的专业人员，例如交互设计师、文案人员、制片人、平面设计师、艺术总监等。这种情况下，网页设计师的工作常常需要和网络程序开发员共同协作完成。

出色的网页设计

当我们谈到"出色的网页设计"时，就意味着明白谁才是目标用户群。制作一个既易于使用、又能够吸引市场的网站，一个能够在多种屏幕上表现出色，容易被搜索引擎发现的网站，不但涉及许多不同专业的工作，而且随着网络的进化和发展，还要求每个工作人员都要有更加专业的知识。

图2-168　http://www.psykopaint.com

4）POP/ Point of Purchase零售点广告

零售点广告虽然也是广告的一种，但相比我们之前介绍过的与实际产品并不同时出现的平面广告，零售点广告和产品结合得更紧密。它与产品总是如影随形，所以它对产品的推销来得更直接。如果说平面广告是通过"广而告之"来引发消费需求的话，那么零售点广告就是"集中火力的诱惑"，在即时消费的环境中激发消费冲动，从而促成消费行为。

零售环境是影响零售点广告设计的主要因素。而零售方式往往又决定了零售的环境。不同的零售方式常常带来不同的零售大环境。零售点环境因素包括零售店产品类别的多寡、店内产品品牌的丰富性、店内消费群体的特殊性、零售店对品牌POP的容纳度以及店内的整体设计风格等。这些因素中，有些是要POP去适应的，有些是对POP设计和使用上的限制，另一些则是会影响POP广告效果的商业因素。

产品专卖店中的品牌虽多，但所售都是同类产品，光顾的消费者可以说都是目标消费群。这种零售环境下的品牌竞争最激烈。如果零售店对品牌POP的容纳度较好，不介意各个品牌的同类产品在店里进行商战，那么不同的品牌在设计POP时就应该尽量突出产品个性，强调本品牌产品与同类产品的理念差异和功能特点以及品牌形象本身。但如果零售店并不愿意成为商战战场，看到自己店内销售的品牌最终两败俱伤而导致自己的利益也受损的话，强调品牌的POP往往不被允许大张旗鼓地出现在店内。这种情况下，店内的POP就应该以推销产品为目的来代替强化品牌的广告目的（图2-169至图2-171）。

专卖店内的耳机品牌虽多，但对于店主来说都一样是店里销售的产品。这家店的店主并不愿意在自己店里放满各个不同品牌的广告而使消费者无所适从。因此，店内的 POP 不论品牌，只结合耳机的产品特点，以突出耳机、建立情感联系为广告目的。

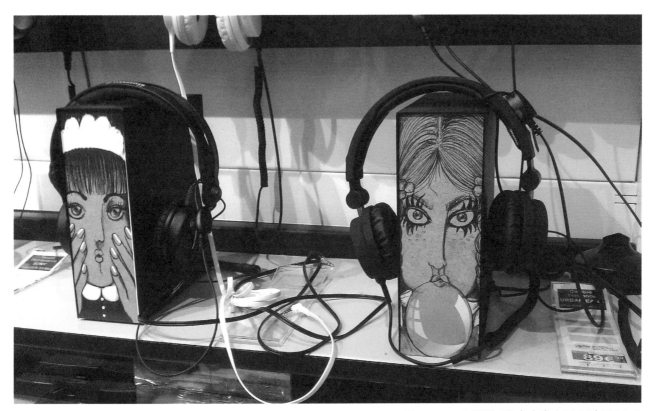

图2-169　小型视听设备专卖店POP/法国/2013

光顾这种专业的视听设备店的通常都是生理或心理年轻的音乐发烧友。相比较正规严肃的商业宣传，这个消费群体会更加青睐轻松、诙谐、幽默甚至有点戏剧化的风格。这家店的 POP 就用了漫画手绘的风格把一张张充满个性的脸以一种幽默的方式搬到了耳机的展架上。这样，原本死气沉沉的耳机展架立刻就鲜活起来，成了一个个个性迥异的人物——除了一个共同点：都带着耳机。当这些 POP 排成一排在店堂里望着你时，真使人忍不住要对号入座，拿起自己喜欢的那个角色的耳机戴在头上。和平面广告一样，"意料之外"又"情理之中"的设计总是更能够引人注意，也更能够与消费者建立感性联系。

图2-170　小型视听设备专卖店POP/法国/2013

图2-171　小型视听设备专卖店POP/法国/2013

品牌专卖店的情况又有所不同。首先，品牌专卖店是某个品牌专属的零售店，来店内的消费者大多是喜爱其品牌的目标消费者以及对其品牌感兴趣的潜在消费者；其次，店内的品牌环境单纯，没有品牌的干扰或竞争者。所以品牌专卖店内的POP如果要再大张旗鼓地强调品牌就会有画蛇添足之嫌了。与品牌单一情况相反的是品牌专卖店里的产品种类往往较多，虽然每种产品的市场定位有所不同，但作为同一品牌旗下的产品，其设计理念通常都不会有太大的差异；另一方面，如果在这里POP过分强调产品间的差异性，也很可能会影响到专卖店内品牌形象的统一性而造成视觉上的混乱。当然，为了新品推广而设计的POP以及针对不同定位产品的小型POP不在其列，不过，前提是其POP的风格要能被统一在店堂的整体视觉风格内。

零售点的实际空间条件也是设计POP时应该要考虑的问题。有些时候零售店的条件多变，或者与商家没有签订长期的销售合同，那么POP的设计就要求有较强的场地适应性（图2-172）。

这个先锋系列音响设备的 POP 由 5 个立方体单位组成（图2-172）。每个单位的信息元素都和其结构一样相对独立。使用时可以根据零售点的实际条件单个展示或者多个组合后展示，以适应不同零售店内的环境空间。

品牌专卖店内的一大优势就是拥有专属的空间。图 2-173 这个摩托车专卖店的 POP 就利用了空间优势在零售店内制造出了另一个想象世界。整个 POP 看起来就像是墙上的一扇巨大的落地窗，可以看到店外的情景——镶嵌在 POP 内的可被更换的巨大招贴。为了强化摩托车的重金属感并吸引消费者的注意力，设计师特意在边框上加上了仿制的金属脚手架。没有品牌，没有产品信息，这个 POP 却用叙述的方式为消费者在店内制造了一个角色扮演的想象空间，成功地创建了情感依恋。

图2-172　先锋音响组合POP

SHADOW BOXES

The large "photo frame" is actually a laminated MDF border and false-back that is meant to highlight a particular large print. This print can be swapped out for updated graphics as often as needed.

The brushed nickel truss work is meant to create dimension and tension in front of the framed artwork, increasing consumer interest in what the graphic has to convey.

Small, square intimate lighting is provided, offering a warm glow to the artwork.

图2-173　摩托车专卖店POP/Dan Rutkowski/丹·鲁特寇斯基/美国/2012

5）会展展板

根据参展商的成本预算和品牌风格的不同，会展设计可以有丰富的形式。但不管是低成本的"盒子"空间布局还是高成本的空间会展设计方案，视觉元素的安排都遵循同一个规则：大小并蓄、多级信息。最高处的位置是留给品牌形象和会展主题的。良好的品牌识别性是必需的，一方面，可以为那些本来就对这个品牌感兴趣的参观者提供清晰的导航；另一方面，也可以吸引那些潜在的对象。而在会展中，中部和低处的视线都被各个展位所阻挡，只有高处的信息才能让人一眼就识别出来，这是展会中的第一信息。相对稍小，位置上稍低的信息我们称之为第二信息。第二信息是主体视觉范围内最大的信息，是人们走到展位前所看到的第一信息。第二信息通常是会展内容的概念表达，但表现为形式感较强的图形图像或是各种空间造型而非文字。当人们被第二信息吸引最终走进展位近距离阅读的信息才是参展商要展览的具体内容。这些内容可以以文字为主，图文结合。因为阅读距离相对较近，通常在1m以内，因此图文都不宜过大，高度应在人视线水平范围内（图2-174、图2-175）。

图2-174　建材展SA BAXTER展位/Carlos M. Cruz/美国/2011

图2-175　2012世界城市峰会IBM展位/AMORNWAT OSODPRASIT/新加坡/2012

6）设计报告

设计报告就其形式来说与样本或书籍颇有相似之处，而内容则是设计项目从无到有的整个诞生过程。通过前面的学习，我们已经了解了典型的产品设计流程，这个流程同时也适用于其他专业的设计。研究理解、整合、验证、推敲、定稿以及演示记录，这些过程就是设计报告的内容。

为了既能方便打印装订成册，又能够适应电子环境下的电脑屏幕尺寸，设计报告通常都会被制作成标准的尺寸比例。作为一个整体，报告中每一页的视觉风格应该保持一致，包括文字格式、图形图像的表现方式、图表的视觉元素风格，以及图文组合的方式，但在具体的编排上也可以有所变化，以避免相同版式重复出现带来的视觉疲劳。因为报告的主角是以图为主的设计项目，设计报告也应以图为主进行解说。至于报告的易读性及其形式美感则是设计师的基本功问题了（图2-176、图2-177）。

报告的视觉风格应当体现报告的内容精神。图2-176虽然是诺基亚手机的报告，但因为其报告内容是诺基亚手机在可持续发展方面的内容，因此报告在视觉上并没有强调手机的电子感，而是体现了轻松、和谐自然人性的气氛。

图2-177是典型的设计报告，是摩托车店内展示的设计项目。除了页面的主题章节等这些导向性信息之外，还包括了项目品牌和设计公司的形象标识。对于一个成熟设计公司的报告，这些都是必要的元素。

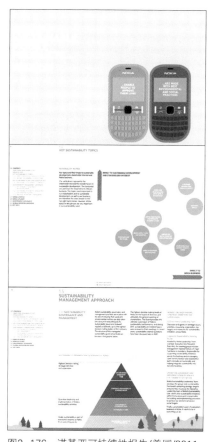

图2-176　诺基亚可持续性报告/美国/2011

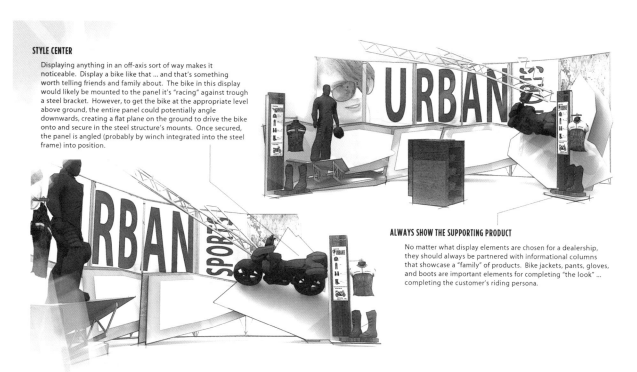

STYLE CENTER

Displaying anything in an off-axis sort of way makes it noticeable. Display a bike like that ... and that's something worth telling friends and family about. The bike in this display would likely be mounted to the panel it's "racing" against trough a steel bracket. However, to get the bike at the appropriate level above ground, the entire panel could potentially angle downwards, creating a flat plane on the ground to drive the bike onto and secure in the steel structure's mounts. Once secured, the panel is angled (probably by winch integrated into the steel frame) into position.

ALWAYS SHOW THE SUPPORTING PRODUCT

No matter what display elements are chosen for a dealership, they should always be partnered with informational columns that showcase a "family" of products. Bike jackets, pants, gloves, and boots are important elements for completing "the look" ... completing the customer's riding persona.

CONCEPT CLIQUE TIER 3 DYNAMIC DISPLAY VIEW 2

图2-177　摩托车专卖店设计报告/Dan Rutkowski/丹·鲁特寇斯基/美国/2012

第三章
分析与鉴赏

第一节　包装设计的发展趋势

A Future of Holistic Packaging Design
整体包装设计的未来
Peter chamberlain/彼得·张伯伦

It takes a lot of thoughtful consideration and hard work to create new packaging design solutions that delight, communicate, perform, and tread lightly on the environment. Providing optimal design solutions means understanding and synthesizing to meet the many complex requirements of end users as well as the many stops along the Packaging Lifecycle Spectrum (Fig. 1) . Packaging design should be undertaken as a holistic topic, and should demonstrate an understanding of the complex multidimensional context within which packaging must effectively perform.

Now more than ever, the endeavor of packaging design requires designers to have specialized skill sets, and widely varying experience, and perspectives. Designers must be able to create "natural bridges" between the sometimes seemingly disparate islands of aesthetics, user interaction, manufacturability, and sustainability. Connecting these areas and presenting value to stakeholders across the various phases of the Packaging Lifecycle Spectrum is both possible and necessary.

While a skillful and experienced packaging designer can have ample knowledge of the requirements at these

要创造一个让人喜欢的，信息传达准确的，功能表现出色的并且对待环境温柔的新的包装设计方案需要许多周全的考虑和艰苦的工作。提供最优秀的设计方案意味着理解和整合，以满足终端客户以及包装生命周期图谱内各个不同阶段的许多错综复杂的需求（图3-1）。包装设计应该被作为一个有完整体系的整体课程来看待，并且应该表现出对包装必须有效表现的多元化复杂内容的理解。

当今时代对包装设计的期待，比以往任何时候都更多地要求设计师拥有各种专业的技能、广泛而丰富的经验以及对包装设计的独到见解。设计师必须能够在美学、用户交互、可生产性和可持续性这些有时看起来毫不相关的概念之间架起"天然的桥梁"。连接这些领域，并且让包装生命周期图谱中的各个不同部分的受益者看到其相关价值，是可能并且必要的。

虽然一个技术过硬、经验丰富的包装设计师可以拥有足够的与这些不同阶段中的不同要求相关的知识，但没有什么可以取代一群多学科的专家小组，来解决一个复杂的包装设计问题。然而，一个有能力纵观整个包装生命周期图谱的设计师可

Fig.1　Phases of the Packaging Lifecycle Spectrum/
图3-1　包装生命周期范围内的阶段图谱

various phases, nothing can replace a multidisciplinary group of experts teaming up to tackle a complex packaging design problem. However, a designer with perspective across the Packaging Lifecycle Spectrum can better integrate into a multidisciplinary team, and is less likely to create packaging designs that are simply "handed over" to Marketing and Engineering, only to be altered in ways that move away from the original design intent.

While the designer must be cognizant of all phases of the Packaging Lifecycle Spectrum and the associated stakeholders, the realm of the end user in particular is where a designer can apply their specialized capabilities to create effective packaging that works well and looks good. Through a regimen of user-centered research, specific insights can be illuminated to create design goals. If the design goals can provide a balance of usability, sustainability, and appropriate aesthetic treatment, then the new design can provide increased value and delight to the end user (Fig. 2) .

Usability

Still an alarmingly unsatisfied aspect of consumer product packaging, intuitive and frustration-free interaction should be a baseline requirement for any new packaging design. Any effective design process should closely consider the particular needs and desires of the end user. The highly qualitative realm of the end user involves issues of human factors, psychology, and emotion. In order to achieve success, a user-centered approach, which closely considers all of these is needed. As one of the most important capabilities of a designer, empathy is the "gateway" through which designers must pass in order to design more usable and seamless product experiences. A true user-centered approach to design requires that the designer deeply understand the inclinations and challenges of a target user.

以更好地融入一个多学科的团队，并且也不太可能只是创造出仅仅用来"移交"给市场营销部门和工程设计部门的包装设计，那样只会最终变得远离原来的设计意图。

虽然设计师必须要了解包装生命周期图谱的所有部分及其利益相关者，但只有在终端用户这一块设计师才可以利用他们的专业能力来创造出既美观又实用的有效包装。通过一个以用户中心研究为基础的方案，我们可以得到一些清晰明确的深层次理解，并由此制定出设计目标。如果设计目标可以使功能性、可持续性达成平衡，同时符合审美要求，那么新设计就可以提供更多的价值并取悦终端用户（图3-2）。

实用性

实用性仍然是消费产品包装中令人十分不满的一个部分，下意识的没有挫折感的交互过程应该成为所有新包装设计的基本要求。任何有效的设计过程都应该密切关注终端用户的特定需求和欲望。高质量的终端客户领域涉及一些人为因素、心理和情感的问题。为了取得成功，一个密切关注所有这些因素的以用户为中心的方法是必要的。换位思考作为设计师最重要的能力之一，是设计师为了设计出更实用更完美的产品体验而必须通过的一道大门。对设计来说，一个真正的以用户为中心的方法要求设计师深入理解目标用户的自然反应和需求挑战。

114

第三章　分析与鉴赏

Fig.2　The factors of packaging design value for the end user
图3-2　影响终端用户评价包装设计价值的因素

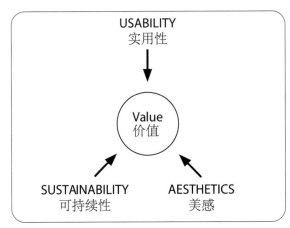

Sustainability

With the continuing phenomenon of global warming and recent news of giant garbage gyres in the Pacific Ocean, sustainability should be of increasing concern to everyone on the planet. As designers seek to form strong connections between person and product and to support sustainability-minded behavior, the values and emotions of the end user are key considerations. Emerging new materials should be embraced and employed, as they are very important to the creation of efficient, effective, and overall great sustainable solutions. All packaging design should be executed with materials that will eventually become useful once again, and which enter into either the technical or biological nutrient cycle after their use. This notion is outlined in the landmark book about environmental sustainability entitled "Cradle to Cradle" by William McDonough and Michael Braungart. Packaging designers should be pressed to consider whether product packaging should go away quickly and responsibly, remain as an integrated component of the product and its perceived lasting value, or find new utility through reuse on into the future.

Aesthetics

The look and communication of packaging greatly affects how products are valued and how they fit into people's lives. Effective application of 3-dimensional form, colors, and textures can often make or break a relationship with an end user. Aesthetics are a key component of the brand identity of a product, as well as a key aspect of properly associating that product with a category. The nuanced treatment of the aesthetic qualities of packaging can position it in regard to status (premium <—> discount), and can strongly support the intended interaction that a person might have with the product within a given context. Aesthetic considerations can communicate cues to the user that helps them make sense of a product, and to know how to use it correctly.

The Help Remedies Inc. help® series products is a line of over-the-counter medicine that helps sufferers of discomforts such as allergies and upset stomachs. The product line is an example of how a user-centered approach can achieve effective packaging design that

可持续性

随着持续不断的全球变暖现象和最近关于巨大的太平洋垃圾带的新闻报道，可持续发展的问题应该得到地球上每一个人越来越多的关心。作为设计师，我们力求形成强有力的人与产品之间的联系，并且支持符合可持续发展观念的行为，终端用户的情感和价值观是需要考虑的关键因素。不断出现的新材料应该得到普遍的认同和使用，因为它们对于创造有效且高效的整体出色的可持续解决方案是非常重要的。所有的包装设计方案都应该用最终可以再一次变得有用的材料来制作执行。换句话说，包装最终的废弃物要么可以被技术回收，要么可以被自然生物分解。这一概念在威廉·麦克唐纳（William McDonough）和迈克尔·布朗嘉（Michael Braungart）题为《摇篮到摇篮》这一关于环境可持续性的里程碑式著作中得到了概述。包装设计师应该在压力下考虑产品包装是否应该快速负责地离开，还是作为一个产品的组合部分以及被认可的持久价值而留用，抑或通过反复利用在未来找到新的实用价值。

美感

包装的外观和信息传达极大地影响了产品的价值以及他们融入人们生活的方式。三维形态、颜色和纹理的有效应用，往往可以建立或打破一个与终端用户之间的关系。美感是一个产品的品牌形象的关键组成部分，并且也是产品正确分类的关键因素。包装审美上的细微变化可以定位产品的市场位置（加价 ←→ 减价），还可以给予在特定环境中用户对该产品可能产生的预设交互反应以强力的支持。利用形式美感可以传递提示信息给用户，帮助他们理解并正确使用产品。

Help Remedies Inc. 公司的"帮助"（help®）系列产品是用于减缓日常生活中像过敏或胃疼之类常见不适症状的货架销售的非处方药。该产品线是一个如何用以用户为中心的设计方法，通过一个在美感上十分诱人的设计组合，提升了包装的实用性和可持续性，给终端用户带来价值，最终实现有效包装设计的例子。它考虑到了整个包装生命周期图谱中的许多不同环节的利益相关者，

presents value to the end user through increased usability and sustainability in an aesthetically attractive composition. It considers the many stakeholders across the Packaging Lifecycle Spectrum, and deeply focuses on a superior experience for the end user.

With this line of products Help Remedies Inc. seeks to provide relief to an over-medicated group of consumers who have been inundated with brands and products that push more strength, larger size, and complex mixtures of chemicals. The help® products are simple, easy to understand, and connect with people through humor and a down to earth approach. The product packaging consists of recycled post-industrial waste paper pulp and a Plastastarch material (PSM) bioplastic.

This help® line of products is effective because it:

—reframes how consumers perceive over-the-counter medicine, making solutions to light ailments much more approachable and easy to understand

—helps consumers minimize the amount of drugs that they are ingesting

—introduces environmentally responsible materials in a way that is easily manufactured with existing infrastructure

—promotes portability through its form and simple closure mechanism

—clearly differentiates itself in the point of purchase environment with its simple form and graphic elements – also with its attention grabbing "catch phrases"

In the example above packaging design has positively affected an entire category of products, changing the way that consumers think about self-medication. No packaging design can be truly perfect to everyone in every way. It should always be the objective of the packaging designer to satisfy clearly defined design goals derived from insights gained through user-centered

Fig.3　Help Remedies Inc. help® line of products
图3-3 "帮助®"系列产品

并深深专注于为终端用户提供优良的使用体验（图3-3）。

通过该产品线，Help Remedies Inc. 公司力求解放那些过分依赖于药物，被各种品牌和各种强药效、大剂量、化学成分复杂的产品所淹没的消费者群体。"帮助"（help®）系列产品的设计简单明了、幽默实在。整个产品包装由回收再生的工业废纸纸浆和生物塑料（PSM）制成。

这个"帮助"（help®）产品的系列包装是有效的，因为：

——使消费者重新认识了非处方药，对常见的轻微病症给出了更平易近人、易于理解的处理方法。

——帮助消费者减少他们的药物摄入量。

——推广了利用现有基础设备就可以轻松生产出来的对环境负责的材料。

——其造型和关闭方式使其便于携带。

——利用简洁的造型和图形元素以及它引人注目的"中心句"使其在零售环境中明显与众不同。

在上面这个例子中，包装设计积极地影响了整个这一类的产品，改变了消费者对自我给药的看法。没有一个包装设计可以在任何方面对任何人都做到完美。在以用户为中心的研究中获得深刻的理解，并发展出概念清晰的设计要求，满足这个要求的同时兼顾到包装生命周期图谱中许多不

research, while observing the many stakeholders across the Packaging Lifecycle Spectrum. Factors that affect the relative sustainability of the packaging, such as materiality and consumptive behaviors, as well as organization of design elements which supports easy to understand and use interfaces is a necessity. By doing so the designer can at once present more value and connect with people's values. Design has tremendous power to bring about positive future change, and it is clear that packaging design is one area within which an easier to use, more responsible, and healthier future can be created.

同环节的利益相关者，应该永远是包装设计师的目标。一些影响包装的可持续性的因素，例如材料性能和消耗方式以及有利于理解和使用用户界面便利性的设计元素的组织，都是必须要考虑到的。通过这些，设计师就可以一次性地接通人们的价值观并呈现给人们更多的价值。设计有着巨大的力量，可以带来积极的未来变化。毫无疑问，在包装设计的领域内可以创造一个更容易使用、更负责任而且更健康的未来。

1. 设计使生活更美好

没有医生指导使用的非处方药随便就可以买到。对于缓解日常的不适，这虽然是种便利措施，但同时往往也伴随着用户过量服用的问题。此外，传统的药品包装上让人眼花缭乱的不同品牌和令人摸不着头脑的化学药名也常常让人们在身体不适的同时无所适从。尽管传统药品包装内都会附有用法与用量说明，但阅读这种枯燥而又满是化学医药专业名词的说明无论对谁都不会是一种愉快的经历。对上了年纪的人来说，阅读说明上这种通常都很细小的文字更是一种痛苦。

"帮助"系列产品的包装上首先看到的不是令人抓狂的化学名称或者不知所云的产品名称，而是简单明了的适应症，如"我过敏了""我鼻塞""我睡不着""我疼"。其语言的表达方式轻松简洁，在令人对所需药物一目了然的同时倍感亲切（图3-4至图3-7）。

帮助系列家庭常备非处方药
设计单位：Chapps Malina Design studio New York
纽约查皮斯马林纳设计工作室
客户：Help Remedies Inc.
设计时间：2010
所获奖项：The dieline Awards 2010/
The dieline 全球包装设计大奖赛全场大奖

图3-4　帮助系列家庭常备非处方药

图3-5　帮助系列家庭常备非处方药

图3-6　帮助系列家庭常备非处方药

在药物用量的设计上，"帮助"系列也是体贴入微。一般的药物都是以一粒或一片药为一个单位的，使用者无从得知药的使用量。"帮助"系列药品把一次的用药量设计成一个单位。这样使用者每次只需按每个单位中的药量服用，再也不用纠结到底要吃多少了。

第三章　分析与鉴赏

图3-7　帮助系列家庭常备非处方药

这个包装（图3-8）本身也非常"健康"。包装的外壳是以100％工业废纸为原料的再生纸浆压模成型的。不但来源"绿色"，废弃后也可以被自然完全分解，没有污染。边框部分则是以玉米为原料、名为 Plastastarch material（PSM）的生物塑料。这种塑料在常规环境下极其稳定，但在堆肥环境中却可以被快速生物降解，回到低级的自然链中。

这一系列包括了几乎所有的常见不适。色彩鲜艳明快的包装边框成了它绝好的身份识别。即使是老人也可以在收纳状态下轻易地识别出所需的药物而不会因为看不清说明文字而拿错药。此外，相对于传统包装，这个包装系列更加小巧坚固，便于收纳和携带（图3-9、图3-10）。

图3-8　帮助系列家庭常备非处方药

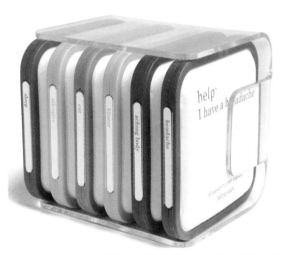

图3-9　帮助系列家庭常备非处方药

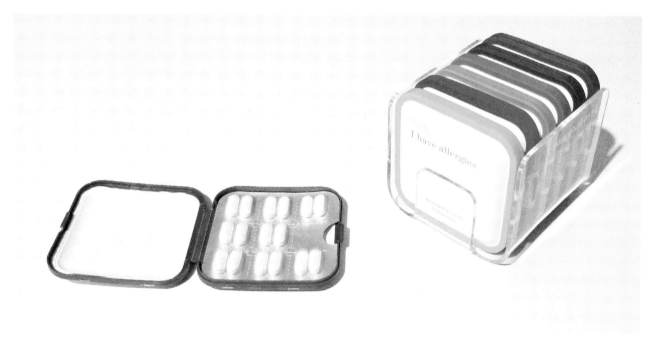

图3-10　帮助系列家庭常备非处方药

"帮助"创口贴"我想拯救一个生命"活动包装

设计单位：Droga5, New York

Droga5, 广告公司，纽约，美国

客户：Help Remedies Inc.

设计时间：2012 年

图3-11 "帮助"创口贴"我想拯救一个生命"活动包装

每年都有超过65万人在世界各地被检查出患有白血病和淋巴瘤，移植骨髓是他们唯一的希望，但只有大约一半的人配型成功。在美国，复杂的捐献者登记使得本来就人手不够的注册工作更加雪上加霜。"帮助"系列的创口贴包装中包含了特制的棉签、预付费的信封和一份使用说明。使用者只要在使用创口贴之前先用包装中提供的棉签清洁伤口上的血液就完成了采样的步骤。然后再把沾有血样的棉签放回原来的包装中，用所提供的信封寄出就可以完成骨髓捐献的登记了（图3-11、图3-12）。

带有这一登记系统的包装不但使这个产品的销量增加了1900%，是的，百分之一千九百；而且，更重要的是使登记骨髓捐献的人增加了三倍！这意味着这个小小的创口贴包装为更多在生命边缘徘徊的人带来了更多的希望。

设计的力量是巨大的。我们应该努力使更多的人、更多的设计师认识到这一点，学会善于利用设计师所拥有的巨大力量，来推动社会的发展，为我们的未来创造出更美好的生活。

图3-12 "帮助"创口贴"我想拯救一个生命"活动包装

2. 这不需要发射火箭的科技

虽然新的材料和技术确实应该在包装设计中得到推广，但这并不意味着离开了那些炫酷的高科技就无法实现包装设计的可持续发展。善于运用常见的材料和现有的成熟工艺进行设计才是设计师应该具有的更脚踏实地的态度。

图3-13、图3-14所示案例中，设计师完全摒弃了传统的包装结构，而设计出一种全新的可以像积木一样拼插组合的结构。这种新颖的结构在给使用者带来游戏乐趣的同时也赋予了包装作为酒架留存的新生命。

葡萄酒系列礼品包装
设计单位：Icon Development Group, 美国
客户：Tresdon
设计时间：2005 年

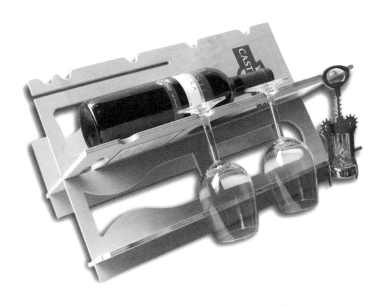

图3-13 葡萄酒系列礼品包装

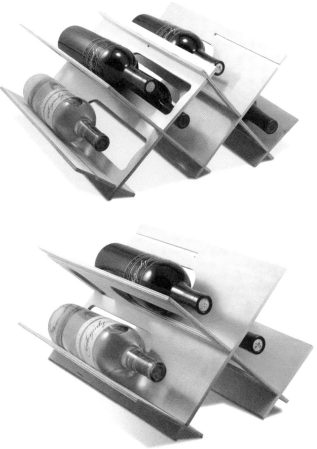

图3-14 葡萄酒系列礼品包装

第一节 包装设计的发展趋势

3. 小设计解决大问题

热衷于户外运动或徒步旅行的人都会在野营装备中带上一支全天候手电筒和在帐篷里用的照明灯。但另一方面，由于旅行者要背着沉重的装备在野外恶劣的环境下长时间徒步，所携带的装备都必须越轻越好、越简越好。在这种情况下，携带2个照明工具显然是一种奢侈。

Jon的这个设计便考虑到了把这两个产品通过包装合二为一。这个包装的结构本身很简单。简单普通的结构和生产工艺赋予了它良好的可生产性、便利的储存方式（平板运输和储存）以及在实际中更容易让客户接受的生产成本预算。通过产品和包装的不同组合方式，其产品——手电筒，可以和其包装组成一个新的产品——阅读灯。整个包装材料可以被完全自然分解（图3-15至图3-18）。

手电筒包装
设计学生：Jonathan Orchin
指导老师：Scott Boylston 教授
曾读院校：Savannah College of Art and Design
美国萨凡纳艺术与设计学院
设计时间：2007 年

122

图3-15　lumineux手电筒包装/美国

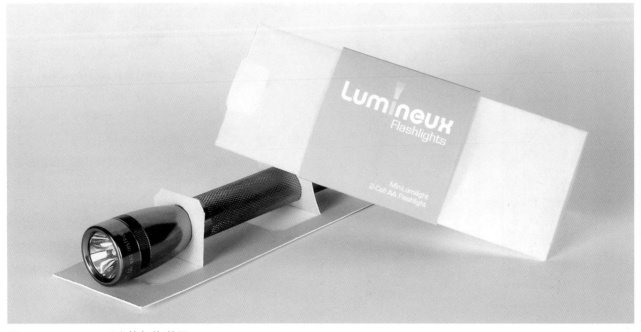

图3-16　lumineux手电筒包装/美国

虽然在视觉形式上，这个包装还可以被进一步推敲，但其显示出来的对可持续发展包装概念的理解是清晰的。这个设计证明了只要一点小小的改进，平实朴素的设计同样可以成为一个优秀的解决方案。

图3-17　lumineux手电筒包装/美国

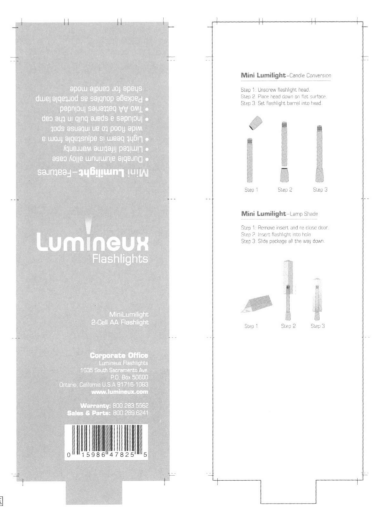

图3-18　lumineux手电筒包装/美国

冻干食品环保方便碗包装

设计单位：Innventia, Tomorrow Machine（Companies），

英范提亚研究公司，明日机器设计公司，瑞典

Anna Glans é，Hanna Billqvist（designes），安娜·格朗斯，汉娜·比
尔科威斯特（设计师）

客户：自主研发产品

设计时间：2013 年

所获奖项：The dieline Awards 2013，

The dieline 2013 年全球包装设计大奖赛可持续包装奖

4．不仅仅是环保

冻干食品在冻干的状态下体积小、重量轻，只要加入热水就会迅速涨大到正常的体积，非常适合外出。市场上的冻干食品包装有两种。以冻干状态下的产品体积作为参考尺寸的包装体积小，在运输和储存时不多占额外的空间，但是不能作为食用产品的容器，给使用者带来了不便，使产品失去了便携的意义。而以产品正常体积为参考尺寸的包装——通常为桶或碗形——虽然解决了食用方便的问题却因为凭空增大了包装体积而增加了大量的运输储存空间，造成了资源和成本的浪费。

Tomorrow Machine设计公司联手Innventia科研公司针对冻干食品的这一特点，共同研发出了和冻干食品一样遇热水会涨大同时又防水的新型包装（图3-19至图3-23）。包装采用了Innventia公司的专利材料——100%以生物材料为基础并可以完全被生物自然分解的新型纸张。在闭合的状态下，整个包装只是个小小的饼状六角形，贴合所包装的食品，没有一点空间浪费。使用时，只要除掉漂亮的封带，向包装内注入热水，这个小小

图3-19　冻干食品环保方便碗包装　　图3-20　冻干食品环保方便碗包装

图3-21　冻干食品环保方便碗包装

的六角形就会自动变大，缓缓打开直至变成一个亦杯亦碗的可爱容器。而在这一过程中包装内的冻干食品也已经准备好了，赶快拿上餐具开吃吧！

这个案例中的包装不仅是环保的，使用了100%可自然分解的材料，而且，这个包装还给我们带来了资源的节约、成本的降低以及终端用户的方便。设计的目的在于为人类服务，在于提高人类的生活水平和推动人类的社会发展，使人类生活能够越来越舒适。环保则是保证这个目的能够持续实现的必要基础，但并不是目的本身。环境保护是实现可持续发展的前提条件，但如果没有经济效益和社会效益那就称不上是"发展"。对可持续发展包装来说，仅仅使用环保包装材料是不够的。

图3-22 冻干食品环保方便碗包装

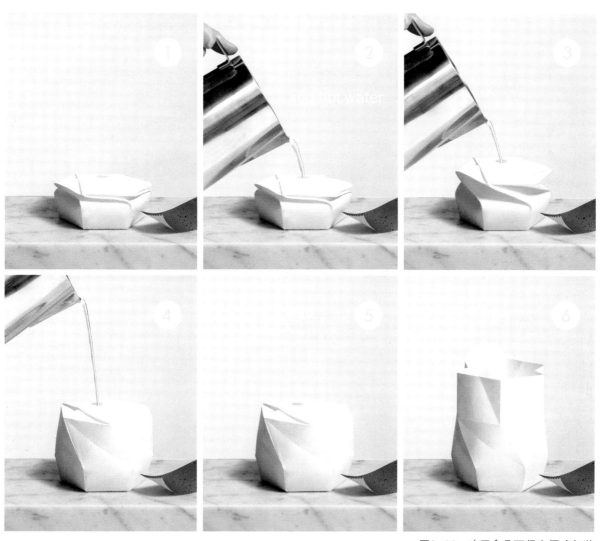

图3-23 冻干食品环保方便碗包装

5. 终点的归宿

相比手机、电视机这样的引人注目的产品，牙刷可谓是微乎其微的小产品了。然而我们每人每天至少要用到牙刷2次，并且为了卫生起见，每3个月还应该要更换一次牙刷。市面上常见的牙刷包装大多是塑料与纸合成的，且不说所使用的包装材料是否能够再生分解，即便是可降解或者是可回收材料，回收的过程和降解所需的时间也会带来不小的成本。

我们是否可以直接把包装变没有呢？西蒙的研究就围绕着这个问题展开了。最后，他找到了一种无毒无味，可以100%回收并100%生物自然分解的纸张。这种60g的纸张是以树胶为原料的纤维合成物，而它的神奇之处在于它可以在10s以内完全溶解于水。配合大豆油墨的使用，西蒙的这个包装可以在取出牙刷后被使用者顺手丢进水池里冲走（图3-24至图3-34）。

"溶化"牙刷包装

设计学生：Simon Laliberté
　　　　　西蒙·拉里伯特／加拿大
曾读院校：Université du Québec à Montréal
　　　　　蒙特利尔魁北克大学
指导老师：Sylvain Allard／西尔凡·阿拉和教授
设计时间：2012 年
所获奖项：3e Place / Packaging Remarquable & Alternative 2012
　　　　　2012 巴黎包装展"卓越包装"三等奖

图3-24　"溶化"牙刷包装

图3-25　"溶化"牙刷包装

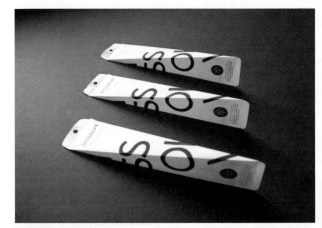

图3-26　"溶化"牙刷包装

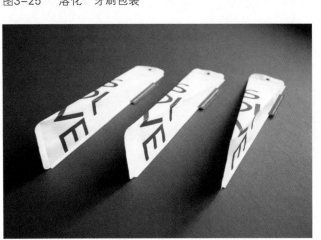

图3-27　"溶化"牙刷包装

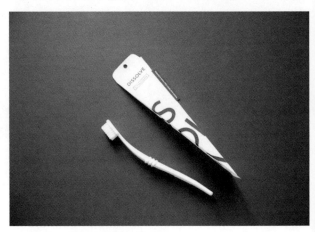

图3-28　"溶化"牙刷包装

尽管设计师们正在努力为包装开发第二功能，但事实上大多数包装还是会快速离开我们的生活。以什么样的方式离开则是设计师们需要思考的问题。

图3-29 "溶化"牙刷包装

图3-30 "溶化"牙刷包装

图3-31 "溶化"牙刷包装

图3-32 "溶化"牙刷包装

图3-33 "溶化"牙刷包装

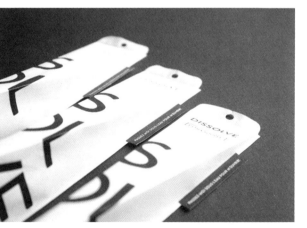

图3-34 "溶化"牙刷包装

第二节 产品周边视觉设计的特征

1. 万语千言总是图

虽然博物馆就在那里，我们可以看得见、摸得到，但是所有这些我们看得见、摸得到的东西却都无法令人联想到博物馆。尽管"建筑"一词总让人想到各式各样的房子，可是无论是中国的围屋吊脚楼，还是法国的教堂城堡，任何房子都不能代表建筑。要用图形图像来表达"建筑博物馆"这个概念就更是难上加难。巴黎建筑博物馆的系列广告中用了一段木头、一方石头和一块砖头作为广告表现的主体内容（图3-35至图3-37）。木头是东方建筑的主要用材，石头则是欧洲建筑中的传统材料，而砖头，"为大厦添砖加瓦"的俗话就证明了它在现代建筑中的重要作用。广告画面中的这些建筑材料在凿子、锤子和雕刻刀的作用下渐渐变成了一座座精美的房子模型。把建材加工成房子，那不正是建筑意义吗？仔细看这些小房子，原来都是各地著名的建筑。能看到风格迥异的建筑模型的地方恐怕只有博物馆了。

这组招贴广告用简洁优美的图像完美地表达了建筑博物馆这一抽象概念。因为图像在信息传递上所具有的优越性，视觉设计中对图形语言的使用频率大大超过文字语言。熟练并完美地使用图形语言对视觉设计师来说就像掌握精妙的口语和肢体语言对演说家一样，是必不可少的技能。

巴黎建筑博物馆系列招贴广告

客户：Cité De l'architecture et Du Patrimoine ／
　　　建筑和遗产之城

广告公司：Havas Worlwide Paris, Puteaux, ／
　　　哈瓦斯全球巴黎之哈瓦斯 360

创意总监：Christophe Coffre ／
　　　克利斯多·芬科夫

艺术总监：Nicolas Harlamoff ／
　　　尼古拉·哈拉莫夫

文案：Alain Picard ／阿兰·皮卡

插图：Surachai Puthikulangkura ／苏拉查·皮提库朗卡拉

Illusion — La Manufacture Paris ／幻觉—巴黎手工 (插图公司)

发布时间：2013 年 7 月

图3-35　巴黎建筑博物馆系列招贴广告

第三章　分析与鉴赏

图3-36 巴黎建筑博物馆系列招贴广告

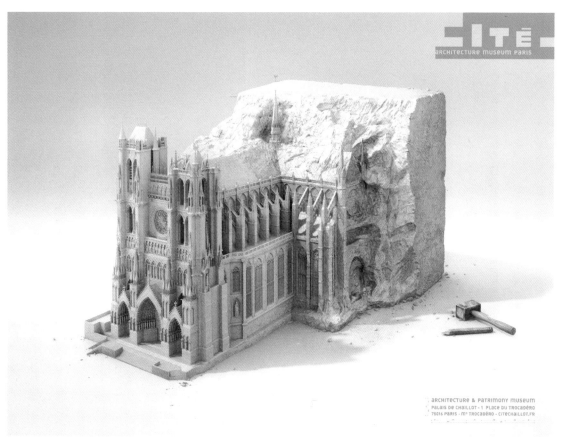

图3-37 巴黎建筑博物馆系列招贴广告

图3-38 PSVITA掌上游戏机POP

作为世界上最酷的掌上游戏机，索尼PSVITA就连它的零售点广告都是一样的酷。整个展架的色彩及刀刃状外形的灵感均来自于PSV本身。内发光的展台不但使黑色的PSV像明星一样格外耀眼，更是在外层黑色亚光材质"刀刃"的包围下营造出高科技未来的科幻气氛。PSV按钮图案的高光质感和底材亚光质感的对比，底座黑色金属镀面的材质变化处处衬托了产品的精细（图3-38、图3-39）。

第三章 分析与鉴赏

图3-39 PSVITA掌上游戏机POP

2. 零售细节

展台可以单个展示，也可以成双出现。双展台模式是为了产品的首发仪式设计的。为了配合活动的重要性，丹设计了相对较为厚重，并且可以发光的背板来营造隆重的气氛。展台与背板的结合方式为嵌入式，这样，活动结束后展台还可以继续在其他场合被单独使用。

单个的展架是供零售店在平时使用的。考虑到POP移动的便利性，丹用轻钢架的折叠背板代替了厚重的发光背板。圆弧造型和蓝光背景则是用来统一视觉的元素（图3-40至图3-42）。

不只是POP的主体，甚至连货架的因素也考虑到了。PSV的价格不菲，体积却不大，又属于抗摔度较低的电子产品。而消费者在浏览的时候不小心碰落货架上的产品也是平常的事。一片小小的圆弧塑料就大大增强了货架的安全性。

POP的背面也没有被忽略。

在这个案例中我们看到了一个细致入微的POP设计项目。细节体现思想和品质。作为设计师，既需要能够从细节处发现问题或是值得改进的地方，也需要能够用细节来解决设计问题，用细节做出严谨细致的设计态度（图3-43至图3-45）。

PSVITA 掌上游戏机零售点广告（POP）

设计师：Dan Rutkowski, / 丹·鲁特寇斯基 / 美国

客户：索尼电脑娱乐公司

设计时间：2012 年

图3-40　PSVITA掌上游戏机POP

图3-41　PSVITA掌上游戏机POP

图3-42　PSVITA掌上游戏机POP

131

第二节　产品周边视觉设计的特征

图3-43 PSVITA掌上游戏机POP

图3-44 PSVITA掌上游戏机POP

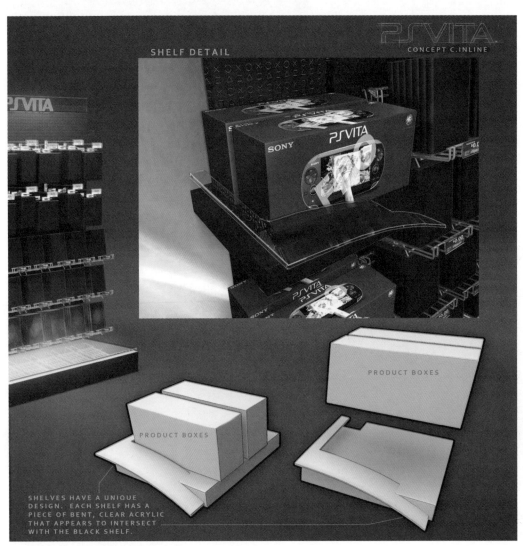

图3-45 PSVITA掌上游戏机POP

参考文献

[1] Julius Wiedemann, Gisela Kozak.Package Design Now.TASCHEN Books，2008

语言：英语，德语，法语. ISBN-13: 978-3-8228-4031-3

[2] Roger Fawcett-Tang , Daniel Mason.Experimental Formats and Packaging.RotoVision，2007

语言：英语. ISBN-10: 2940361894/ISBN-13: 978-2940361892

[3] Scott Boylston.Designing Sustainable Packaging.Laurence King，2009

语言：英语. ISBN-10: 1856695972/ISBN-13: 978-1856695978

[4] David Crow.Visible Signs.Ava Publishing SA,2003

语言：英语. ISBN-10:2884790357/ISBN-13: 978-2884790352

[5] David Crow.Left to Right –The Cultural Shift from Words to Pictures.AVA Publishing SA，2006

语言：英语. ISBN-13: 978-2940373369

[6] World summit 2005/ 2005 世界首脑峰会报告

[7] Joseph Giacomin,What is Human Centred Design？,http://hcdi.brunel.ac.uk/files/What%20is%20Human%20Centred%20Design.pdf,

[8] nokia-sustainability-report-2011. [R]

[9] PUMA Business and sustainability report 2012[R]

[10] Kennert Johansson 瑞典 .Packaging for sustainability – some key issues [R].

[11] Michael Nieuwesteeg 荷兰 .Sustainable Innovation in Packaging – where East meets West [R].

[12] Anders Linde 瑞典 .HOW TO MINIMIZE THE RISK OF TECHNICAL TRADE BARRIERS BY DEVELOPING INTERNATIONAL STANDARDS ON PACKAGING AND THE ENVIRONMENT [R].

[13] 作者：中国出口商品包装研究所，商务部出口商品包装技术服务中心 编 . 北美国家与欧盟包装法规和技术标准 . 中国商务出版社，2007 年 8 月

语言：中文. ISBN-13: 978—7—80181—724—2

[14]《出口商品技术指南 出口日本、韩国、澳大利亚、新西兰商品包装技术指南》

[15]《中华人民共和国国家标准：包装 包装与环境术语》

[16]《GBT 4122.1—2008 包装术语 第 1 部分：基础》

[17]《GB T 8166—1987 缓冲包装设计方法》

[18]《GBT 12123—2008 包装设计通用要求》

[19] 高德，刘壮，董静，常江. 瓦楞纸板包装材料的性能及其发展前景. 包装工程，2005 第 1 期

[20] 陈广玉，美国包装产业"轻量化""可持续"发展，以减少对环境的不利影响，http://www.istis.sh.cn/list/list.aspx?id=6943, 2010 -12 -31/2013-5-16

书中所涉及的主要设计机构和个人：
（书中所用图片涉及版权，请不要随意翻拍，如有需要请联系相关单位或个人。）

Burgopak,UK
http://burgopak.com/
p9, p10, p11, p67

BBDO , Germany
http://www.bbdo.de/cms/de
p94, p102

Chapps Malina Design studio, USA
http://chappsmalina.com/
p119, p120, p121

Cheil Worldwide Inc, Hong Kong
http://www.cheil.com/web/
p24

Droga5, USA
http://www.droga5.com/
p122

Fuseproject, USA
http://www.fuseproject.com
p22, p37, p38, p39

Gerlinde Gruber, Austria
http://kopfloch.at
gerlinde@kopfloch.at
p62,p63p64, p68, p69, p70, p71

Garbergs, Sweden
http://garbergs.se/#/
p89, p90, p91

Havas Worldwide Paris, Puteaux,
http://www.havasworldwideparis.com/
p130, p131

Icon Development Group,
http://www.icondg.com/
p123

Jonathan Orchin, USA
http://www.orchindesign.com/
jon@orchindesign.com
p124, p125

Leo Burnett, Germany
http://www.leoburnett.de/
p99, p100

McCann Worldgroup, Thailand
http://mccann.com/
p101

PDD Group, UK
http://www.pdd.co.uk/
p3, p4, p5

Peter chamberlain,USA
peter.chanberlain@uc.edu
p47, p49, p50, p51, p52, p53, p54, p55,
p56, p57 , p114, p115

Publicis, Frankfurt am Main, Germany
http://www.publicis.de/standorte/
frankfurt/
p101: 2-160

Rumba Digital Agency, Brazil
http://www.rumba.com.br/
p29

RGA, London
http://www.rga.com/offices/london
p30

Simon Lalibert é
www.atelierbangbang.ca
p128, p129

TBWA, culver city, USA
http://tbwachiatday.com/
p27

Tomorrow Machine, Sweden
http://tomorrowmachine.se/
p126, p127

Unisono，Manama，Bahrain
http://www.unisono.bh/
p23, p98

wieden+kennedy,London
http://www.wk.com/office/london
p87

Wunderman worldwide,UK
http://www.wunderman.co.uk/
p28

叶怡均
yichun.yeh@gmail.com
p41, p42, p43, p44, p84

后记
POSTSCRIPT

很多人问我：既不是科学家，也不是工程师，作为一名小小的设计师，我如何能拥有改变世界的力量？再伟大的发明，如果得不到应用推广也无法在真正意义上推动社会的发展。在科技高度发达的今天，从无人驾驶的电动汽车到用脑电波控制的电脑，在技术上都已经相当成熟，小范围内的试用也很成功，但是科技能做的也仅此而已了。一个新技术从成熟到应用推广还有很多工作要做，只有设计才能完成所有这些不同领域、不同环节间的整合，因为它是连接工业和个人生活的通道。科技作为第一生产力对人类发展的推动力已经犹如强弩之末。设计，却以发达的科技为基础，在提高物质文明的同时改善我们的生活方式、推动社会精神文明的发展。它正在接过这支接力棒，在不久的将来代替科技成为第一生产力。作为设计师，我们应该看到手中所拥有的力量，合理利用它，主动承担起推动社会发展的责任。当然，拥有这种力量的前提条件是有宽泛的知识面。很多年前看过一个"门门通"对抗"一门精"的国际辩论赛。其实"门门通"根本就是"一门精"的前提、基础。以知识的广度来支持专业的深度，这就是我对开头那个问题的回答，也是当今社会发展对人才素质的要求。

按照总主编的要求，本书从接手到完成只有 3 个月的时间。仓促间，不免留下些遗憾。作为基础层面的书，本来想尽量把它写得面面俱到一点。但最终因为篇幅的限制，很多知识点被迫放弃，成了本书最大的遗憾。因为没有助手，加上时间的限制，自有版权的图片效果达不到专业水平，此为遗憾之二。整个过程中，时间一直是让我紧张的因素。因为一些私人和工作原因，最后本书的完成时间比合同约定的晚了 1 个多月，在此对主编和出版方深表歉意。

本书得以付梓，首先要感谢林家阳总主编先进的理念，这才有了本书交叉学科的写作方向。其次要感谢孔德扬老师帮助我认识国内设计教育的现状，才使久居海外的我能够把本书写得适应中国的状况。在此，特别要感谢美国辛辛那提大学的 Peter Chamberlain（彼得·张伯伦）助理教授，牺牲度假的时间为本书读者带来美国的包装教学方法和理念，并且义务校对了本书英文版的部分；感谢美国萨凡纳设计与艺术学院的 Scott Boylston（斯科特·伯乐斯顿）教授对本书的关心并帮助联系优秀设计师；感谢法国的 Mathieu Gosselin（麦秋·古瑟朗）先生，在百忙之中为本书提供前端的网络设计概念；感谢台湾的叶怡均小姐，不怕麻烦，为本书重新绘制其学生时代作业的图例；感谢江南大学的曹鸣副教授，从产品设计的角度为本书提出意见；感谢广州非象形象设计公司帮忙制作图例，美化照片。最后，要感谢长久以来在我身后默默支持我的家人！ Merci de ton support, papa chat !

孔琰
2013 年 10 月于马山太湖之滨